高校主楼空调系统节能运行及合同能源管理适应性研究

/

Energy Efficiency Operation and Adaptability of EPC for Air Conditioning System in Main Building of College

王 亮 著

重慶大學出版社

图书在版编目(CIP)数据

高校主楼空调系统节能运行及合同能源管理适应性研究／王亮著. -- 重庆：重庆大学出版社，2023.5

ISBN 978-7-5689-3885-3

Ⅰ. ①高… Ⅱ. ①王… Ⅲ. ①高等学校—教育建筑—集中空气调节系统—节能—研究 Ⅳ. ①TU244 ②TU831.4

中国国家版本馆CIP数据核字(2023)第081653号

高校主楼空调系统节能运行及合同能源管理适应性研究

GAOXIAO ZHULOU KONGTIAO XITONG JIENENG YUNXING JI HETONG NENGYUAN GUANLI SHIYINGXING YANJIU

王　亮　著

策划编辑：林青山

责任编辑：张红梅　　版式设计：林青山

责任校对：王　倩　　责任印制：赵　晟

*

重庆大学出版社出版发行

出版人：饶帮华

社址：重庆市沙坪坝区大学城西路21号

邮编：401331

电话：(023) 88617190　88617185(中小学)

传真：(023) 88617186　88617166

网址：http://www.cqup.com.cn

邮箱：fxk@cqup.com.cn (营销中心)

全国新华书店经销

重庆升光电力印务有限公司印刷

*

开本：720mm×1020mm　1/16　印张：12.25　字数：176千

2023年6月第1版　　2023年6月第1次印刷

ISBN 978-7-5689-3885-3　定价：88.00元

前　言

本书针对高校主楼的特殊用能形式，研究了其空调系统节能运行策略、合同能源管理适应性的评价体系以及相关的促进体系，旨在发挥高校主楼用能特殊性导致的空调系统节能运行潜力，促进公共建筑节能事业的发展。

本书在统计高校主楼详细能耗数据并进行节能诊断的基础上，分析了高校主楼空调系统的用能特征。通过分析高校主楼年度空调系统能耗情况，结合模拟研究，本书发掘了针对空调高峰季节与暑期部分交叉，且各用能单元同时使用系数偏低的空调系统低负荷运行节能潜力，并通过研究空调系统逐日负荷率的相关性，建立了最佳的逐日空调系统能耗特征对数回归模型。

在对高校主楼空调系统能耗特性诊断的基础上，本书分别研究了高校主楼空调系统优化节能运行策略。首先，本书提出了以系统综合能效最高为目的的部分负荷条件优化开机组合方案。其次，本书研究了冷水系统不同控制模式的节能性，对比分析了采取不同控制策略的冷水系统综合节能率。实验研究表明，高校主楼干管温差对空调负荷的敏感程度往往高于干管压差，冷水系统节能运行策略推荐采用干管温差控制。再次，本书研究了主楼空调系统冷水泵匹配运行节能性，提出了冷水系统采用多台水泵搭配运行时，应根据冷水机组联合运行，选择对应的水泵进行同步变速运行。从次，本书推导了横流式冷却塔出水温度理论计算模型，通过实测和理论计算研究了冷却塔影响因子相关性，以及机组、冷却水泵、冷却塔三者的耦合模型，同时，本书还以冷源系统综合最高能效为目标进行了最佳冷却塔出水温度的非线性一元最优化求解，发现部分负荷情况下，冷却水系统的最优化节能运行策略应该为冷却水泵定流量，冷却塔风机变频运行可以使冷却水自动匹配最佳温差，并根据最佳冷却塔出水温度确定风机频率变化大小；冷却塔应多台同时开启，并对风机进行统一变频。最后,本书采用正交模拟实验方法,研究了空调系统末端能耗的主要影响因素和对应的运行策略,以及变新风量结合全热回收、间歇运行等系统综合节能运行策略的节能性。

为了推动高校主楼空调系统节能运行,本书建立了实施合同能源管理模式的适应性评价体系。首先,考虑室外气象参数的影响,本书按照逐月回归的方式,建立了 CDD 和逐月能耗的回归调整模型。其次,本书研究了合同能源管理的适应性评价分项指标,建立了动态财务模型,并进行了动态财务模型影响因素敏感性分析。然后,本书研究了项目经济效益、节能效益和环境效益的二级模糊评价矩阵,建立了合同能源管理适应性的二级模糊综合评价体系。最后,本书建立了实施合同能源管理的促进体系和风险评价体系,提出了相关促进措施,并分析了主要风险因子,提出了节能服务公司规避和应对风险的措施。

著　者

目　录

1 绪 论

1.1 研究背景

随着社会的不断进步和经济的快速发展,能源成为人类赖以生存和发展的基础。能源的需求和供给之间的矛盾日益突出,已经成为制约我国经济发展的重要因素。因此,以低能耗、低污染、低排放为基础的低碳经济模式逐渐受到全社会的重视,并得到蓬勃发展。

建设节约型社会是我国目前的基本国策,节能降耗、节能减排是各个行业发展中的重要课题。建筑能耗、工业能耗、交通能耗是我国当前的三大能耗,建筑能耗中的公共建筑能耗,随着建筑总量的不断攀升和居住舒适度的提高,呈急剧上升趋势,甚至达到了30%以上。公共建筑能耗主要包括建筑空调、采暖、照明、电梯等使用过程中的能耗。其中,空调系统的总能耗占公共建筑能耗的比例逐步升高,达到40%~60%。如果能对空调系统采用相应的优化运行管理,则可以最大限度地发挥其节能潜力。目前,随着建筑节能技术和能耗监控系统的不断革新,既有建筑中诸多能源不合理分配及管理缺陷问题日益突出,迫切需要对既有建筑进行节能改造和运行管理的规范监管。因此,实现既有建筑的节能改造及优化运行管理,对建筑节能的发展具有重大的意义。

我国各类高校共3 000余所,逐渐成为重要的能源消耗大户。高校建筑用能存在能耗水平差异大、增长快的特点,这预示着校园蕴藏了巨大的节能潜力。

实现高校建筑节能运行,建设绿色节约型校园势在必行。高校建筑属于公共建筑的范畴,然而公共建筑种类繁多,用能情况存在较大的差异,公共建筑的一般性研究难以对高校建筑节能运行提出指导性建议。高校建筑设施量大面广,基础数据严重缺失,能源管理水平低,也严重制约着高校节能工作深入持久地开展。

目前,国家已经开始重视高校节能工作的开展。2006 年,《教育部关于建设节约型学校的通知》指出,建设节约型校园,就是以提高资源利用效率为核心,以节能、节水等资源综合利用为重点,大力加强资源的循环利用。2008 年,发布了《高等学校节约型校园建设管理与技术导则(试行)》指明了高等学校节约型校园建设的政策依据、工作方向和近期目标;随后,财政部、住房和城乡建设部于 2011 年又发布了《关于进一步推进公共建筑节能工作的通知》,提出了推动高校建筑节能改造,充分发挥高校技术、人才、管理优势,积极鼓励高等学校申报节能改造示范。

然而,对既有高校建筑进行节能改造和优化运行管理时,庞大的资金需求、节能改造及运行管理实施过程中的各种技术问题,亦导致其进程受挫。作为一种节能市场化和商业化的重要途径,合同能源管理机制有望成为推动高校建筑节能运行管理的重要方式。将合同能源管理机制应用于高校建筑节能工作中,对解决高校建筑节能改造及运行管理资金困难、节能技术及设备缺乏等问题起着积极的作用。合同能源管理实际上是节能服务公司以盈利为目标的经营模式,节能服务公司为高校提供校园建筑节能潜力分析、项目可行性研究、方案设计、项目融资、设备选购、现场施工、节能量检测、运行管理人员培训以及维护保养等项目的全程服务,向高校保证实现签订合同中所承诺的节能量和节能效益。在合同期内,节能服务公司的收益直接与项目节能量挂钩,通过减少的能源费用来支付节能服务公司的合理利润和节能项目的全部投资等,高校同时也可以分享一定的节能效益;合同期结束后,高校得到所有设备和后续节能效益。将合同能源管理机制引入高校建筑节能改造和运行管理之中,是探索节能市场化、产业化发展的新途径。

但是,由于银行信贷以及税收缺乏优惠政策,节能改造和运行管理的前期设备和人力投入对节能服务公司而言是一项很大的挑战,合同能源管理最初的发展就遭遇种种挫折。从20世纪90年代末到21世纪初,合同能源管理在中国一直默默无闻,实施合同能源管理项目的节能服务公司也少有建树。2010年4月,这种情形发生了彻底的改变,国务院办公厅正式转发了国家发展和改革委员会、财政部、人民银行、税务总局《关于加快推行合同能源管理促进节能服务产业发展的意见》,表示对合同能源管理实行税收优惠政策,并纳入中央预算内投资和中央节能减排专项资金支持范围,给予资金补助或奖励。同时,国家也鼓励大型重点用能单位利用资金的技术优势和管理经验,组建专业节能服务公司,为其他用能单位提供节能服务。合同能源管理虽然已成为行业热门,但是作为一种新型的经营管理模式,在国内的发展依然处于探索阶段,充满了机遇和挑战。

1.2 国内外研究现状

1.2.1 校园建筑节能研究现状

1)国外研究

国外的高校建筑节能研究是从关注绿色校园建筑开始的。1998年,Kellyn介绍了美国蒙大拿州立大学计划兴建的第一所绿色学院科学馆,主要用当地材料建设,取消下水道系统,污水被处理后用于建设湿地系统,该成为展示现代最低污染建筑技术的窗口。2002年,Bonnet等人以波尔多大学为例,分析了高校校园的水电终端利用情况,评价了图书馆、行政部门、教室、学生宿舍、食堂、实验室、运动场等不同建筑的水电消耗率,指出高校水电利用接近中等规模城市,终端利用消耗比例最大的为科研部门和学生宿舍。2004 年，窦强分析了英国诺丁汉大学朱比丽校区应用的可持续发展和生态设计概念，即通过雨水回收、智能照明中央系统统一控制、外遮阳及自然通风辅助机械通风等方式实现高校节能运行管理，并测算得到高校建筑能耗约为 85 kW·h/(m^2·a)，与主校园相比节能约 60%。

2007 年 7 月，美国绿色建筑委员会正式颁布了《面向学校的绿色设计评估体系》，该评估体系实质上是针对学校特殊情况的绿色建筑评价认证评估体系，这表明国外政府开始重视高校建筑节能运行。国外许多高校都积极进行节约型校园建设实践，从校园整体规划到学校建筑节能等诸多方面提出了大量行之有效的具体措施。目前的研究趋势都体现在削减碳排放方面，主要目的是建设节能降耗的绿色校园。

2）国内研究

国内关于高校建筑节能运行的实践亦起源于绿色校园建筑理念。2006 年，顾晓薇等人通过生态足迹成分法基本原理和计算模型研究，表明高校生态足迹主要成分为能源消耗、食品消费和垃圾排放，并从节能、杜绝食品浪费、垃圾处理以及开展有效的生态教育等方面提出了具体的规划措施和建议。2007 年，赵纯研究了高校的环境艺术设计，他以理论和实践相结合的研究方法，分析了高校绿色设计的一些主要原则和方法。2010 年，徐进分析了同济大学节约型绿色校园的建设方法，即利用学校的学科综合优势从节能技术上进行不断的创新，使在校学生在这些建设实践中切身感受并提高对资源节约、保护环境的意识，改善能源消费习惯，并通过在学生中形成相互监督以提高约束效果，通过建设节约型绿色校园，同济大学每年节约费用高达 1 200 万元。杨琦分析了绿色大学校园的规划设计理论，从可持续发展的社会、经济和环境 3 个方面分析、确定了绿色大学校园的四项规划设计原则和相应的规划设计对策，最终提出了绿色大学校园的宏观、中观、微观 3 个层次的规划设计方法。2011 年，游小容通过研究兰州大学的绿色校园建设情况，对绿色校园建设中存在的问题及原因进行了分析,并为推进兰州大学绿色校园建设工作提出了一些对策和建议。林宪德通过研究表明,台湾第一座“零碳建筑”——台湾成功大学“绿色魔法学校”的最自然、最便宜的吊扇设计与灶窑通风系统让办公室与国际会议厅的空调分别节能 76% 和 27%,并证明其多项建筑设计效益均达到节能 65% 的超高水平。

2008 年,住房和城乡建设部、教育部联合多所高校编制了我国《高等学校节约型校园建设管理与技术导则(试行)》,正式开始全面规范节约型校园的可持续发展建设,并于 2009 年 4 月联合全国 12 所高校进行了校园建筑节能监管平台示范建设,同年组织编制了关于校园建筑节能监管体系建设及管理的技术导则、能耗统计、能源审计、能效公示及评价方法等。至此,以可持续发展为目标,以管理节能为重心,以节能效益为动力,以节电、节水为抓手的高校建筑节能监管体系建设正式拉开序幕,为高校能耗的监控、量化管理、节能潜力挖掘奠定了基础。

从目前的研究情况来看,高校节能运行管理主要侧重于绿色校园建设规划及评价等方面,更多地涉及设计理念,缺乏实际可操作的具体技术方案设计,尤其是针对高校实际能耗特性的具体技术措施和适应性评价内容。本研究将针对高校能耗中的主要环节——空调系统能耗,研究具体可操作技术措施和适应性评价,为高校建筑节能运行管理提供可操作的决策参考。

1.2.2 空调系统节能优化运行研究现状

1)国外研究

空调系统为高校能耗结构中的主要环节,因此,研究空调系统节能运行方式对高校建筑节能具有重要的指导意义。空调系统的优化运行方式包括合理选择制冷/热源机房设备、制订合理的运行方案。国外对空调系统的节能优化运行研究始于 1982 年。Chun 等人通过对某大型纺织厂空调系统部分运行参数进行检测,推导出各可测变量之间的线性关系式,建立冷水机组能耗模型,并运用单目标函数 Nelder-Mead 优化算法，求出使整个系统运行费用最低的冷冻水供水温度，使冷水机组年运行能耗减少 12.5% 。Thielman 等人提出控制冷冻水供水温度、冷却水进水温度和控制开机顺序等空调系统优化运行方式，并建议采用能源管理与控制系统控制冷水机组运行，以实现对冷水机组优化控制的目的。1984 年，Enterline 等人对空调水系统各组成部分进行优化控制研究，并将冷水机组和冷冻水泵能耗之和作为目标函数，通过连续计算冷水机组及冷冻水泵能耗相对冷冻水温度的导数，求出冷冻水最优设定温度。1990 年，Olson 等人对具有多台冷水机组、冷却塔的空调系统进行优化运行研究，考虑冷冻水供水温度、冷却水回水温度、冷水机组启停、冷却塔风机转速等因素，利用反映冷水机组与冷却塔风机能耗模型的经验模型，采用二次规划算法进行优化计算。当时的各项研究并没有从系统的角度考虑冷水机组的能耗与冷冻水、冷却水温度及流量的关系，因此，也难以实现对整个系统的优化控制。

1993 年，MacArthur 等人采用动态预测模型对空调系统进行优化运行研究，开发出多变量控制预测器，通过自动回归获取模型参数，采取滚动时域控制法寻找最佳变量设定值，并以一组变频热泵 COP 作为优化目标，研究表明，系统连续运行 24 h 后，总能耗减少 20% 。Austin 等人对冷水机组和冷却塔在不同运行状态和室外气象条件下的性能进行研究，发现冷却水流量的增加降低了冷水机组能耗，但是增加了冷却水泵能耗；当冷却水温和室外湿球温度的相差较大时，冷却水流量的增加对冷却塔风机能耗影响不大，在此基础上可对不同工况下的冷冻水、冷却水温度及其流量、冷却塔和冷水机组的开启进行优化。1995 年，Hartman 提出将 DDC 控制用于空调系统末端，并讨论了 VAV 系统、照明、房间温度和冷水机组的优化运行。

针对水泵与风机的变速调节，1991 年，Rishel 提出用压差控制阀的连续信号控制水泵转速，可以实现系统高效运行，以降低能耗。1996 年，Hartman 提出将冷冻水系统分成相互联系的两个回路。其中，一次回路是通过冷水机组的回路，流量恒定；二次回路是通过末端的回路，可以根据用户负荷的变化实行变流量控制。Redden 用模拟方法研究冷水机组在满负荷率与部分负荷率时运行的效率差异。1998 年,Larry Tillack 对压差控制的位置设置以及计算机与变速水泵信号的连接问题进行了分析。1999 年,Harris Bynum 对变流量系统中压差控制阀的设置等问题进行了讨论。2000 年,Waltz 对冷水机组可否变流量以及如何实现变流量进行了分析。2000—2003 年,Schwedler 分析了冷水机组中蒸发器变流量的问题和可能性。2001 年,Avery 针对空调系统变流量运行时如何提高冷水机组的效率进行了探讨。2004 年,Bahnfleth 指出,在设计合理的情况下,一次泵变流量系统是可行的,并能够减少一次投资和运行费用。2005 年,Hartman 从冷水机组的实际运行效果出发,指出可以对冷水机组进行全变速设计,即压缩机变速、冷冻水泵变速和冷却水泵变速。

2)国内研究

随着空调技术的成熟及普及,国内对空调系统节能优化运行方面的研究逐渐增多。1998 年,Shengwei Wang 等人建立了离心式冷水机组、热交换器、变速水泵等动态模型,对某海水源热泵系统的能耗、水力和控制等方面进行了动态模拟,提出了空调能源与管理控制系统的在线控制策略。2000 年,Shengwei Wang 等人采用简化系统物理模型,建立了综合风机、水泵、冷水机组能耗,室内热舒适性和通风效率等因素的目标函数,使用遗传算法对空调设备运行参数进行了在线优化。2004 年,Yao 建立了冷水机组、水泵和冷却塔等设备的经验模型,并在经验模型的基础上,以系统性能系数为目标函数,对空调冷源进行了优化控制。2005 年,Lu 等人提出了用改进的遗传算法来解决空调系统的全局优化问题,寻找最佳的运行参数设置值。2006 年,孟华等人从中央空调水系统全局出发,建立了基于简单物理特性的数学模型,用来预测控制变量对目标函数的影响,同时采用自适应控制技术进行模型参数的在线辨识,并以基因遗传优化算法获得各控制变量的最优解。

国内在水泵和风机变速调节方面也进行了较多的研究。吴延鹏和马伟宪分别在 1999 年和 2004 年分析了变频调速技术在空调水系统中的应用和实现方法。2000 年,林心关对二次泵系统的变速控制进行了分析。2001 年,余宝法等人提出了一种供热自动控制模型,通过对热源和热媒参数及流量的动态控制,实现了热量的动态供应。朱贞涛针对离心泵几种常见的流量调节方法进行了能量损耗对比实验分析。李洪斌讨论了给水工程中并联水泵系统变压变流量的优化调节问题。胡益雄等人针对热水供暖系统进行了调速水泵的能耗分析。2002 年,张燕宾综述了目前我国泵与风机变频调速的应用状况和应用技术。狄洪发对开式系统变速泵的节能量计算进行了探讨。王寒栋和罗新梅在2003 年和2004 年分别从相似理论出发,指出了多数情况下,水泵变速前后并非相似工况,不能直接运用比例定律进行包括功率在内的工况参数换算。2003年,吴捷等人针对空调系统中的水泵和风机如何实现变频控制行了探讨。2004年,黄文厚对一次泵空调水系统在冷水机组变水量运行过程中可能出现的问题给出了不同冷水机组台数组合的控制方案和其他环节的控制策略。杜文学分析指出,空调水系统采用变速调节的一次泵比二次泵更节能。2005 年,梁春生等人对中央空调系统实现变速调节的控制理论和方法进行了全面论述。

在变速调节的基础上,针对变流量系统的整体优化设计,2004 年,张建东全面论述了变流量水系统的设计问题,包括水泵的选择、旁通管的设计、控制点的位置和压差设定值的大小、冷冻机的选型和运行次序等。孙一坚提出了采用温差控制法来进行一次泵系统变流量运行的设计。阎坤惠讨论了流量动态控制技术在空调系统中的运用。

目前,关于空调系统节能运行的研究都开始考虑水泵变化对冷水机组能效的影响,提出了水泵和冷水机组的全局优化控制方案。然而,关于冷却水系统变频的研究,由于存在冷水机组、冷却水泵和冷却塔三者耦合的问题,因此目前的研究往往抛开冷却塔仅研究冷却水泵与冷水机组的相互影响,或仅通过冷却塔热力性能研究冷却塔的优化运行。本研究将全面研究冷水系统、冷却水系统及空调末端的全局优化运行策略,研究冷却水系统时,综合考虑机组、冷却水泵及冷却塔三者的耦合模型,提出以冷却水系统综合能效最高为目的的最佳冷却塔出水温度控制策略,避免冷却水泵和冷却塔独立研究的片面性。

1.2.3 合同能源管理研究现状

1)国外研究

20世纪70年代中期以来,合同能源管理在市场经济国家中逐步发展起来,并开始在全球范围内推广,尤其是在美国、加拿大、欧洲等国家和地区,合同能源管理已发展成一种新兴的节能产业。将合同能源管理模式引入高校校园建筑节能运行管理,对解决高校建筑节能改造及运行管理的资金困难、节能技术及设备缺乏等问题起着积极的作用。

在合同能源管理自身发展理论方面,2005年,Edward Vine从公司数量、项目开展方向、节能服务行业发展障碍、节能服务行业在2001年前完成的总产值及全国节能服务公司总体发展状况等五个方面对38个国家的节能服务公司进行了综合调研,分析了节能服务公司目前的发展情况。Paolo Bartoldi等人从政策支持水平、市场结构规则和合同能源管理项目实施多样性等方面指出了欧盟各国在实施节能活动过程中存在的差异;并基于各国的成功经验以及现有和即将颁布的法律法规,提出了推进欧洲节能服务产业发展的措施。

在合同能源管理促进措施方面,Myung-Kyoon Lee等人指出政府在解决影响投资节能服务公司制度与财政障碍过程中的重要性,根据其在推广过程中遇到的困难,指出仅依靠市场调节不能达到预期效果,需要政府建立适当的促进调节机制,并从经济学角度提出可行的节能方案。Milou Beerepoota等人基于荷兰既有建筑节能改造革新经验研究指出政府颁布政策法规标准等的重要性。

在合同能源管理评价方面,Steve Sorrell提出不同企业环境下合同能源管理可行性分析评价框架,将影响改造费和服务费的各项因素考虑在内,对不同背景下的企业实施合同能源管理给予科学可靠的评估方法,并通过实验研究。Evan Millsa等人就节能项目中资金及项目管理风险问题进行了研究,并综合能效专家和投资决策专家的意见和建议,对节能项目各方面可能存在的风险进行了精确分析和定量化评价;以建筑节能财务风险为例,分析了鉴定、量化及管理风险的技术方案。Konstantinos Patlitzianas 等人提出的多维决策支持体系,包含了专家子系统和多标准决策支持子系统,考虑了文化和气候变异等能源市场新参数,并在部分欧盟候选成员国中成功实施,为节能服务产业发展提供了良好的运作环境。Mark Kaiser 等人以路易斯安娜能源基金为例,通过建立投入—产出模型,从经济、能源和环境影响等方面对能源合同进行定量评价,并通过对基金支持的能源合同实例分析,表明能源基金对促进节能服务产业发展起着尤为重要的作用。

2)国内研究

国内的合同能源管理研究起步较晚,尤其是在实践推广方面,与发达国家差距较大。从 1997 年引入合同能源管理以来,各界人士开始重视这方面的研究,从整体来看,合同能源管理在我国的应用还不完善。

2006 年,吴玉萍等人通过总结我国建筑节能发展存在的政策制度障碍,提出了进一步推进我国建筑节能发展的政策建议。一是完善国家建筑节能法规以及技术标准体系;二是建立相应的权威协调管理机构;三是建立中央财政预算建筑节能政府基金,制订经济鼓励政策;四是推进城市供热收费体制改革,制订合理的热价和收费办法,使供暖收费货币化;五是建立国家建筑能耗评估体系以及建筑节能技术产品的评估认证制度;六是进一步加强建筑节能监督管理。

2007 年,李菁等人对既有建筑节能改造的资金供需现状和融资障碍进行了分析,指出政府应对市场失灵等问题进行及时协调,创造良好的外部促进环境和条件,特别需要改革和创新经济政策,将僵化的政府直接主导型融资方式有序地转化为政府引导下的市场化运作方式,最后从确立合理的成本分担机制、实施有针对性的财税政策、发展节能服务市场、制订积极的能源消费价格、发展和完善节能信息平台五个方面提出对策建议。孙金颖等人分析了西南地区公共建筑节能改造投、融资机制存在的问题,结合国家政策发展方向、节能改造特点和地区经济技术发展水平,根据不同公共建筑类型,设计了政府融资、政策性融资和市场融资相结合的投、融资机制。梁境等人根据国外先进经验,结合我国公共建筑节能管理与改造工作存在的主要问题进行了制度设计,主要体现在四个方面:一是用能定额制度和能源审计制度的效果管理;二是政府办公建筑率先改造的改造示范;三是罚劣奖优机制的改造激励;四是推行合同能源管理等模式的市场引导。最后指出,公共建筑节能的长远发展不能仅依靠国际组织的赠款,也不能只依靠国家和政府部门的行政指令,它必须符合市场经济的规律。

2007 年,王李平将风险度量的多维功效函数模型与风险效用理论相结合,完善了多维功效函数模型,为节能服务公司的风险度量提供了更为科学、合理的方法。王婷运用层次分析法和灰色系统理论,通过定量分析识别项目风险,进行风险管理,提高收益。尚天成针对合同能源管理项目在企业的实施状况,以合同能源管理项目为研究对象,运用模糊综合评价理论对其风险进行定量评价,给出合同能源管理项目风险控制的指导思想和模型。

张晓萍在原有商业模式的基础上,通过对我国合同能源管理的 SWOT 分析,提出两种新型复合商业模式,并得出一个我国节能服务公司的发展战略,有助于合同能源管理的发展以及节能工作的开展。占松林提出应制订相应的奖励制度,以提高科技研发人员、建筑节能改造实践者,以及建筑节能相关环节推广人员等主体的主动节能积极性。吴施勤研究了政府机构与节能服务公司进行节能合作时,合同能源管理实现的双赢效果,并针对目前的财务制度,提出了非固定资产及固定资产改造两种对策。王广斌通过分析我国政府机构能耗状况和节能潜力,论证了合同能源管理模式的运作机制及其对政府机构节能的适应性,并提出了在政府机构中实施合同能源管理的相关政策性建议。尹波在分析了大型公共建筑节能管理模式的特点之后,提出在行政手段和市场机制相结合时,应把引入合同能源管理与市场机制挂钩;丰艳萍对我国大型公共建筑监管进行讨论后指出,实现节能管理分两步走,一是监管,二是引入市场化节能改造,即合同能源管理。

目前,关于合同能源管理的研究大多是从管理学角度,集中于自身机制,脱离实际的可操作性技术方案。本研究将结合具体的节能技术措施和合同能源管理模式,提出相应的适应性研究,为发挥合同能源管理对高校建筑节能运行的促进作用提供有价值的决策参考。

1.3 研究内容

高校建筑运行管理人员在开展节能改造和优化运行管理过程中,由于缺乏专业技术,难以保证建筑高效用能,存在较多不合理环节。尤其是在冬、夏季空调用能高峰时段,常因为与寒暑假部分交叉导致空调系统处于低效率运行状态。因此,分析高校建筑空调系统节能运行过程中的优化控制方案,可为运行管理人员提供决策参考,具有重要的指导意义。

引入合同能源管理模式推进高校建筑节能运行工作,建筑整体能耗测量和基准值调整需要依靠许多技术手段作为支撑,具体的可操作配套标准还非常缺乏。许多节能服务公司缺乏建模经验,使得实际节能量缺乏客观评估标准,严重制约了合同能源管理产业的升级发展。同时,缺乏经验的节能服务公司不能及时调整最优的控制方案,使得能源消费增加。

高校建筑空调运行能耗高,节能潜力大,合同能源管理机制具有广阔的发展空间。能源审计和能源管理的不合理、能源管理实施过程的不规范以及相关促进措施的不完善,都成为合同能源管理机制发展的障碍。因此,研究高校建筑空调系统节能运行及合同能源管理的适应性,构建合同能源管理适应性的评价体系,可以为高校建筑空调系统节能运行提供重要的技术支持,进而解决高校建筑节能监管过程中存在的诸多不合理问题,起到示范辐射作用,促进公共建筑节能事业的发展。高校主楼通常涵盖教室、会议厅、展厅、办公室、实验室等多种用途形式,属于特殊的大型综合办公和教育复合类建筑。本书具体的研究内容包括以下几个方面。

(1)高校主楼空调系统节能优化运行策略研究。

①分析高校主楼空调系统用能特殊性,研究能耗影响因素,建立相关回归模型,并通过节能诊断,提出高校主楼空调系统节能运行的关键技术措施。

②研究高校主楼空调系统优化节能运行策略,包括冷水机组优化开启组合、冷水系统不同控制方案节能性及适应性、冷却水系统三者耦合最高能效控制、空调系统间歇运行等优化控制策略、全面指导高校主楼节能运行的方案决策。

(2) 实施高校主楼空调系统合同能源管理应用适应性评价体系研究。

①分析高校主楼节能运行适用于合同能源管理模式的单项评价指标,重点提出动态财务评价模型;在此基础上建立二级模糊综合评价体系,以推动高校主楼空调系统节能工作。

②提出从外部环境的培育到合同能源管理自身完善的促进体系;通过合同能源管理项目的风险矩阵,建立项目风险评价体系,并提出相应的风险防范及解决方案。

2 空调系统节能运行诊断

2.1 公共建筑能耗特征

要研究高校主楼的能耗特征,首先应了解公共建筑能耗的总体特征和其他各类公共建筑的能耗特征,这需要通过大量的建筑能耗统计和能源审计才能完成。由于不同功能的建筑职能差异,公共建筑能耗总量和结构存在较大差异。通过对比不同类型公共建筑的能耗统计和能源审计,可以得到既有各类公共建筑的平均能耗水平,进而为高校主楼节能运行管理提供参考。

公共建筑根据功能不同可以分为办公建筑、商场超市建筑、酒店建筑、校园建筑及医院建筑等。由于公共建筑用能系统复杂,建筑内部各类用能系统的要求、特点不同,因此可以将公共建筑用能系统分为暖通空调系统、照明系统、动力设备系统及其他系统等。

重庆地区大型公共建筑监管体系平台正在建设之中,尚缺乏当地的公共建筑能耗数据库。在《中国建筑节能年度发展研究报告 2011》中,公共建筑能耗模块列举了北京地区和上海地区的公共建筑分项单位建筑面积电耗强度。上海地区位于长江中下游平原,属于典型的亚热带季风性气候,夏热冬冷地区,全年雨量适中,季节分配比较均匀。而重庆地区为长江上游经济中心,与上海气候类似,也属于夏热冬冷地区,夏季受太平洋副热带高气压气流影响,形成连晴高温天气;冬季气候阴冷潮湿。

夏热冬冷地区的主要气候特征是冬季湿冷、夏季闷热、气温日较差小、年降水量大、日照偏少。根据 DeST 软件中的气象参数，可以得出上海地区和重庆地区的年度室外干球温度具有相同的变化趋势，重庆的总体室外干球温度比上海略高，具体数据如图 2.1 所示。两地年度总辐射量的变化趋势对比如图 2.2 所示，两地的太阳总辐射量基本相同，其中，夏季重庆地区的总辐射量较上海地区略高，冬季重庆地区的总辐射量略低。因此，重庆地区和上海地区具有相似的气候特征。两地区同属于长江流域的大型现代化都市，建筑物特性和系统形式等因素也类似，上海地区能耗统计和能源审计的电耗强度数据可对重庆地区公共建筑能耗情况提供参考。

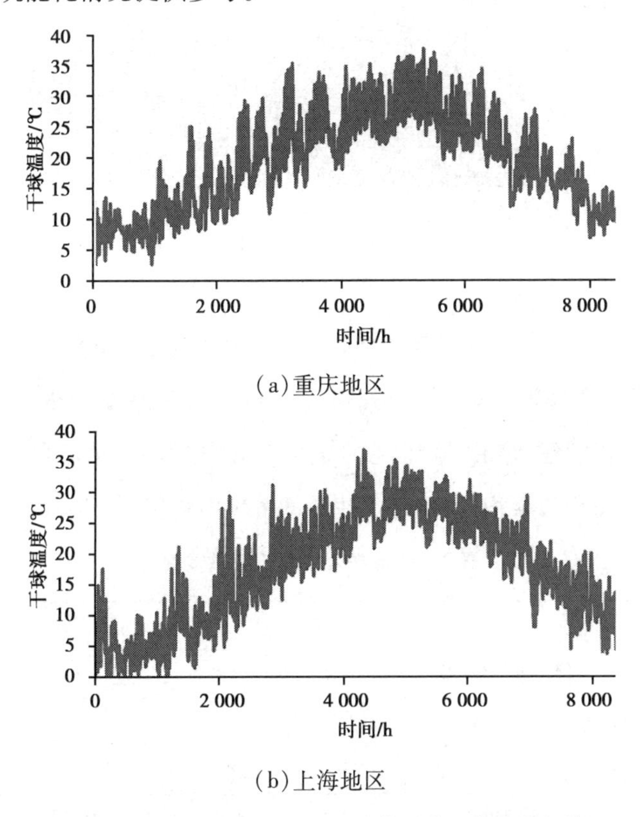

(a)重庆地区

(b)上海地区

图 2.1　重庆地区和上海地区室外干球温度变化规律

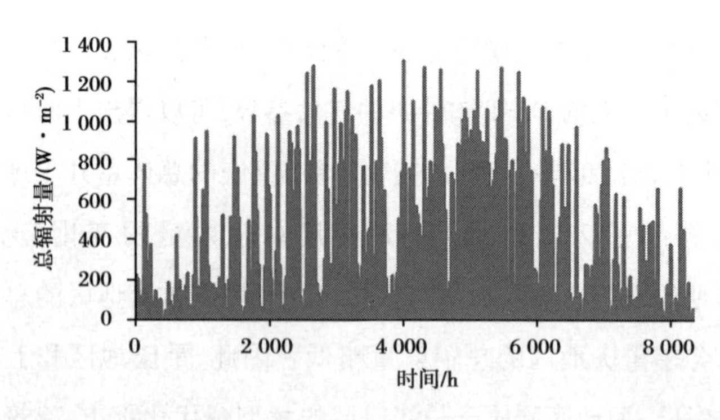

(a)重庆地区

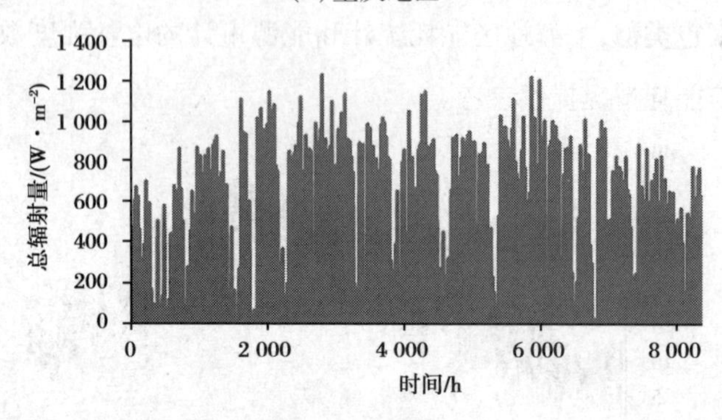

(b)上海地区

图 2.2　重庆地区和上海地区总辐射量变化规律

在《中国建筑节能年度发展研究报告 2011》中,按照办公建筑、商场超市建筑、酒店建筑、校园建筑和医院建筑等类型,根据各用能分项的单位面积电耗与相应建筑类型面积的乘积,得到各类建筑的各项电耗值,如表 2.1 所示。

表 2.1　各类公共建筑能耗情况

类　型	能耗/[kW·h·$(m^2 \cdot a)^{-1}$]					
	暖通空调	照　明	动力设备	服　务	其　他	总　计
大型行政办公建筑	35.0	21.9	26.2	1.7	2.6	87.4
大型商务办公建筑	51.6	22.9	22.9	11.5	5.7	114.6
一般办公建筑	18.0	8.0	8.0	4.0	2.0	40
大型商场超市建筑	87.7	36.5	17.5	2.9	1.5	146.1
一般商场超市建筑	30.8	10.3	23.9	1.4	2.1	68.5

续表

类 型	能耗/[$kW \cdot h \cdot (m^2 \cdot a)^{-1}$]					
	暖通空调	照 明	动力设备	服 务	其 他	总 计
大型酒店建筑	69.2	18.9	18.9	12.6	6.3	125.9
一般酒店建筑	28.5	7.8	7.8	5.2	2.6	51.9
大型教育建筑	41.5	8.3	20.8	4.2	8.3	83.1
一般教育建筑	7.1	4.7	5.9	2.4	3.5	23.6
医疗建筑	66.8	19.1	28.6	9.5	66.8	190.8

在公共建筑中,医疗建筑的能耗水平最高,达 190.8 $kW \cdot h/(m^2 \cdot a)$,这主要是医院建筑的特殊功能造成的,医院的医疗设备和其他用能设备功率较大,且需要常年开启,另外,住院病房和手术室对室内环境质量要求较高,导致建筑的能耗水平较高。其中,空调能耗占建筑总能耗的 35%,为能耗大户,应该作为医疗建筑节能诊断的重点。

办公建筑和商场超市建筑的能耗水平次之。其中,办公建筑的能耗结构中,空调系统仍然为能耗大户,占总能耗的 45% 左右;另外,室内照明、计算机房和打印机等办公设备能耗需求也较大。因此,空调能耗、照明能耗和设备能耗应该作为办公建筑节能诊断的重点。

商场超市建筑营业时间长,全年基本没有节假日。大型商场超市建筑密闭性较好,对空调和照明要求较高,分别占总能耗的 60% 和 25%。一般来说,商场超市由于建筑本身特点,无须较多照明能耗,空调系统能耗占总能耗的 45%。因此,空调能耗和照明能耗应作为商场超市建筑节能诊断的重点。

酒店建筑营业时间虽然长,但是受旅游季节变化和入住率的影响,大多数时间处于部分负荷的工作状态,导致酒店建筑能耗相对较低。由于酒店室内环境要求较高,且需要提供 24 h 热水,空调系统能耗占建筑总能耗的 55%。因此,空调能耗应该作为酒店建筑节能诊断的重点。

教育建筑用能比较特殊,由于寒暑假的存在建筑年运行时间相对较短,建筑内部用能设备单一,大型教育建筑总能耗相对较低。其中,空调能耗占总能耗的 50%。因此,空调能耗应该作为大型教育建筑节能诊断的重点。

从上述分析可以大致看出教育建筑与其他建筑类型的差异。然而,由于上海地区和重庆地区气候、地理位置及用能习惯等因素的差异依然存在,因此,后文将针对这类校园公共建筑空调系统的实测数据进行分析,并提出相关的节能优化方案。

2.2 高校主楼空调系统研究基础

高校主楼通常包括教室、会议厅、展厅、办公室、实验室等多种用途形式。由于其使用功能和条件的特殊性,高校主楼与单一的办公建筑和教育建筑相比,其能耗特征往往存在较大的差异。

为了研究高校主楼的能耗特征,下面将以重庆大学主教学楼(后文简称"主教学楼")为研究对象。主教学楼位于重庆大学 A 区,北临嘉陵江,南临民主湖,是一座集办公、教学、科研、会议于一体的综合性大楼。总建筑面积为 70 032 m^2,除地下机房、车库等外实际使用面积为 55 155 m^2,建筑高度为 99.1 m,地下 3 层,地上 26 层。负三层为设备用房,负二层为地下车库,负一层至地上五层为教室、会议厅、展厅等,六至二十六层为塔楼部分,主要用途为办公室、实验室。主教学楼的外观如图 2.3 所示。

主教学楼总空调面积为 37 042 m^2,设计冷负荷 8 900 kW,热负荷 1 100 kW。本书选择了 3 台离心式机组(型号 19XR6565467DH552,制冷量 2 637 kW,功率 488 kW)和 1 台螺杆式机组(型号 30HXC350A,制冷量 1 144 kW,功率 252 kW)作为主教学楼的冷源。主教学楼空调系统设备如表 2.2 所示。暑假期间基本开启一台离心机组即可满足空调负荷要求,主教学楼空调系统设备选型存在较大的余量。

图 2.3 主教学楼的建筑效果图

表 2.2 主教学楼的空调系统主要设备

序 号	名 称	规格与参数	台 数
1	离心式冷水机组	制冷量 2 637 kW,功率 488 kW	3
2	螺杆式冷水机组	制冷量 1 144 kW,功率 252 kW	1
3	冷冻水泵	流量 324 m^3/h,扬程 37 m,功率 55 kW	3 用 1 备
4	冷冻水泵	流量 128 m^3/h,扬程 37 m,功率 22 kW	1 用 1 备
5	冷却水泵	流量 700 m^3/h,扬程 32 m,功率 75 kW	3 用 1 备
6	冷却水泵	流量 350 m^3/h,扬程 32 m,功率 55 kW	1 用 1 备
7	冷却塔	流量 700 m^3/h,功率 22 kW	3
8	冷却塔	流量 350 m^3/h,功率 11 kW	1
9	电热锅炉	热量 1 200 kW,进/出水温度 50/60 ℃	1
10	热水泵	流量 120 m^3/h,扬程 28 m,功率 15 kW	1 用 1 备

主教学楼空调水系统如图 2.4 所示。水系统采用两管制,分两路分别接至主楼和裙房空调区域,每路设置水力平衡阀。主楼竖向及各层水平方向均为同程式设计,裙楼水系统采用异程式设计。

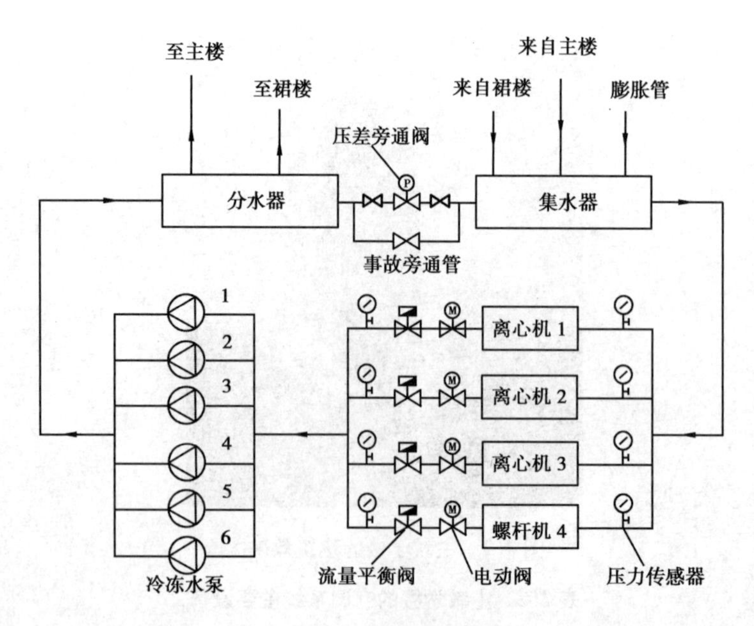

图 2.4　主教学楼空调水系统

主教学楼空调系统投入运行后，运行管理人员反映冷源选型偏大，空调系统长期存在“大流量、小温差”的现象。受学校后勤资产处的委托，卢军教授于 2009 年夏季空调季节带领重庆大学工程质量检测中心节能检测室对主教学楼空调系统进行了节能检测和节能诊断，提出了空调系统节能改造措施，改造内容涉及：①对冷冻水泵、冷却水泵和冷却塔风机进行变频改造，增设相应的控制系统，优化原有的自控设计；②在裙楼异程式水系统的各水平回水管装设平衡阀，通过调试使各层水系统水力平衡，达到设计流量；③在每层楼主供水管道增设冷量表，配电柜增设分项计量电表，实施分楼层计量与按负荷分摊设备能耗结合的收费方式，督促使用人员的行为节能；④采用民主湖湖水作为水源热泵热源，将机房内部螺杆机组改造成水源热泵机组，替代原有电热锅炉对主楼冬季进行供暖；⑤增设自动加药清洗装置，增设冷凝水回收管道用于冷却塔补水，修补漏风风管、漏水水管，优化运行管理等。

经过方案设计，2009 年 10 月—2010 年 5 月主教学楼空调系统节能改造现场开始施工，并于 2010 年夏季开始进行系统运行调试。笔者所在的卢军教授研究团队的众多人员参与了主教学楼空调系统节能改造和运行调试工作，借此机会共同对高校主楼空调系统能耗特征、节能运行策略等问题进行研究，并获得较多的研究成果。本书进行的相关研究的测试时间均为2010—2011年夏季空调季节，本书的研究内容仅涉及夏季空调系统冷水、冷却水系统节能运行，未考虑冬季相应的湖水源热泵改造和分层计量等问题，因此，后文中相应的改造内容也不再涉及此部分内容。

2.3 高校主楼能耗特征

2.3.1 总能耗特征

1)年度能耗

主教学楼能耗主要包括电能消耗和水量消耗。电能消耗包括照明能耗、夏季空调能耗、冬季供暖能耗、动力设备能耗以及其他特殊区域能耗。2008—2010年，主教学楼年建筑能耗分别为3 029 508 kW·h、3 199 561 kW·h和3 062 973 kW·h。2009年建筑年耗电量相比2008年增加了5.61%，2010年建筑年耗电量相比2009年减少了4.27%。

2008—2010年，主教学楼单位实际使用建筑面积能耗分别为54.93 kW·h/(m^2·a)、58.01 kW·h/(m^2·a)和55.53 kW·h/(m^2·a)，三年的能耗指标均值为56.16 kW·h/(m^2·a)，这体现了高校主楼的用能特征，具体如图2.5所示。主教学楼集科研、教学、办公及会议等功能于一体，周末与寒暑假期间，教学区和办公区使用率低，展厅和会议厅开启时间少，仅主教学楼部分学院办公室、教室和研究生实验室照常使用，从而导致这种科研教学类大型校园公共建筑能耗指标偏低。

2)逐月能耗

对2008—2010年主教学楼逐月的电耗数据进行调研和统计，结果如图2.6

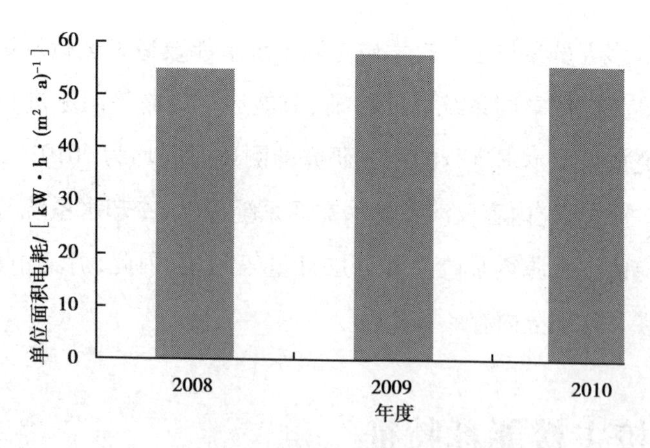

图 2.5　主教学楼建筑年度单位面积耗电量

所示。2008—2010 年,主教学楼建筑能耗趋势基本相同,建筑月电耗峰值均出现在夏季空调月。其中,2008 年和 2010 年最大月能耗均出现在 8 月,而 2009 年则出现在 9 月,与 2008 年 8 月能耗值相比增加了 11.5%,这是由夏季典型空调季节的中央空调系统能耗造成的。

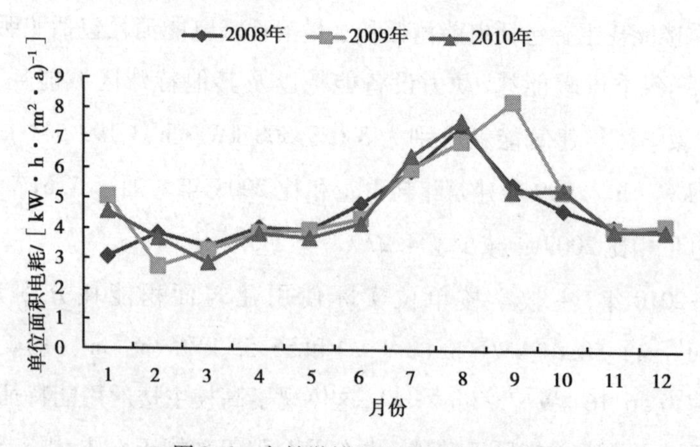

图 2.6　主教学楼逐月电耗变化趋势

根据主教学楼中央空调系统的运行原始记录表可以看出,夏季空调季节为每年的 5—9 月。7、8 月虽然为冷负荷高峰时段,但是由于暑假期间空调使用率低,因此 2009 年 9 月主教学楼能耗呈现一个较为明显的峰值,相比 2008、2010 年 9 月分别高出 50% 和 57%。对比 2008 年 9 月和 2009 年 9 月室外平均温度,其变化趋势如图 2.7 所示。2009 年 9 月前半月的室外平均温度明显高于 2008

年 9 月,且达到 27 ℃以上,空调系统的使用时间较长,造成前半月主教学楼的能耗高于 2008 年。后半月的室外平均温度存在一定差异,但是温度值均不高,空调能耗相差不大。

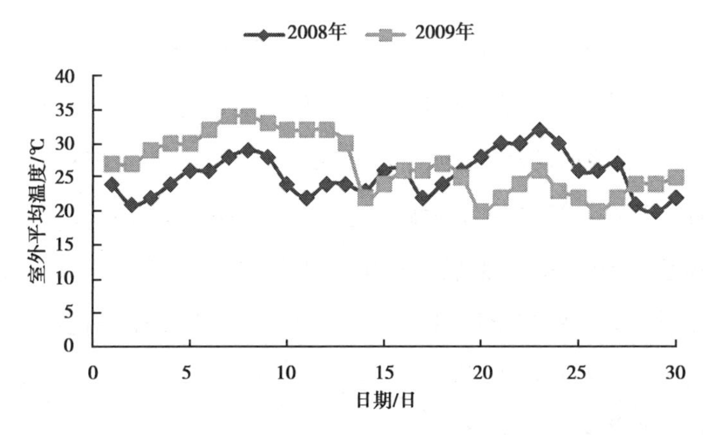

图 2.7 2008 年 9 月和 2009 年 9 月室外平均温度变化趋势

每年的 1 月为冬季典型供暖月,供暖能耗占 1 月的建筑总能耗较大比例。2008 年和 2009 年,主教学楼冬季采用电锅炉供暖,2010 年,冬季主教学楼经过节能改造后采用民主湖湖水作为水源热泵进行供暖。统计 2008—2010 年电锅炉的运行记录,可以看出 2008 年和 2009 年 1 月电锅炉供暖时间分别为 10 天和 19 天,2010 年湖水源热泵运行时间为 21 天。因此,2008—2009 年 1 月建筑能耗差异主要是天气条件导致电锅炉供暖时间不同造成的。2010 年 1 月供暖天数较 2009 年多,在分项能耗基本相同的情况下,其总能耗略低于 2009 年,充分说明湖水源热泵的节能性。同时,可以看出主教学楼冬季能耗与夏季空调季相比,增加幅度并不明显。这是由于春节处于寒假期间,校园建筑使用率明显降低,与一般办公建筑冬季供暖能耗存在较大差异。

2008—2010 年,主教学楼其他过渡季节的月能耗均比较接近;7、8 月由于空调系统的使用,用能出现高峰;6、9 月为学校正常教学时间,空调使用率有所增高,但是除个别年度外,能耗却基本与过渡季节不开启空调系统时能耗相比增幅不大,这是由于此时的空调开启时间受气象参数影响相对较少。主教学楼每年各个月份的使用率和运行时间基本保持一致，变化不大，这为解决年度使用条件差异的主教学楼年度能耗调整提供了基础。

3）分项能耗

主教学楼于2010年进行空调系统及监控平台的节能改造，每层楼的主供水管道上加装了冷量计量表，能够对每层楼的空调耗能情况进行逐时和长期的统计；同时在每层楼加设电度表，对空调、照明、动力设备和特殊用电等分项进行能耗统计。2011年空调季节主教学楼的能耗分项情况如图2.8所示。其中，空调用电占总电耗的62%，照明插座用电其次，占总电耗的23%。因此，冬季供暖和夏季供冷季节建筑能耗差异均是天气条件导致的供暖能耗和空调能耗不同造成的。

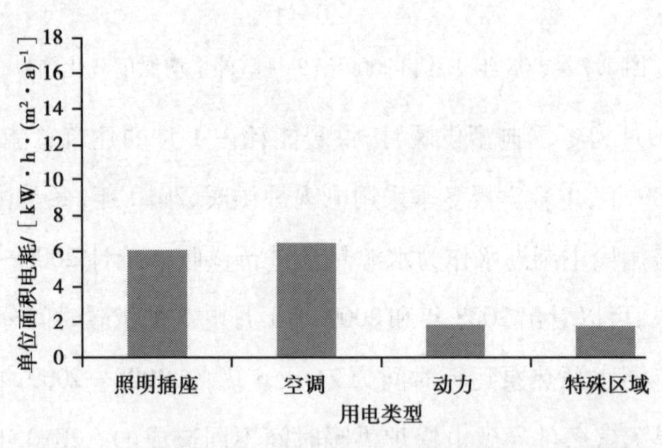

图2.8　主教学楼能耗分项情况

2.3.2　空调能耗的变化规律

1）空调分项能耗

空调为主教学楼的用能重点。对2011年主教学楼夏季空调系统各分项用电能耗进行统计，得到空调系统分项能耗比重如图2.9所示。在空调系统各分项能耗中，冷水机组能耗最大，达到7.71 kW·h/(m^2·a)，占空调系统总能耗的48%。空调末端风机盘管能耗其次，达到4.31 kW·h/(m^2·a)，占空调系统总能耗的27%。水泵及冷却塔等输配设备能耗占空调系统总能耗的25%,为节能改造及运行管理的技术关键部位。

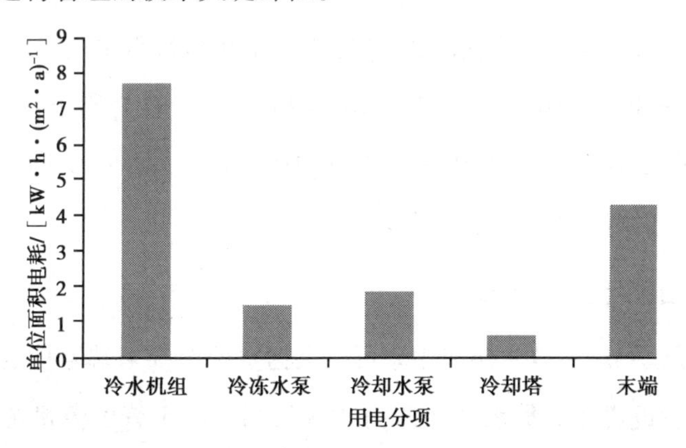

图2.9 空调系统分项能耗情况

对主教学楼2011年7月空调系统离心式冷水机组、冷冻水泵、冷却水泵、冷却塔及空调末端等分项能耗数据进行逐日统计分析。空调逐日能耗变化趋势与机组能耗变化趋势相同,这是因为冷水机组能耗占空调系统的比例较大,而冷冻水泵、冷却水泵、冷却塔及空调末端等各分项能耗比较稳定,且变化相对较小,具体如图2.10所示。

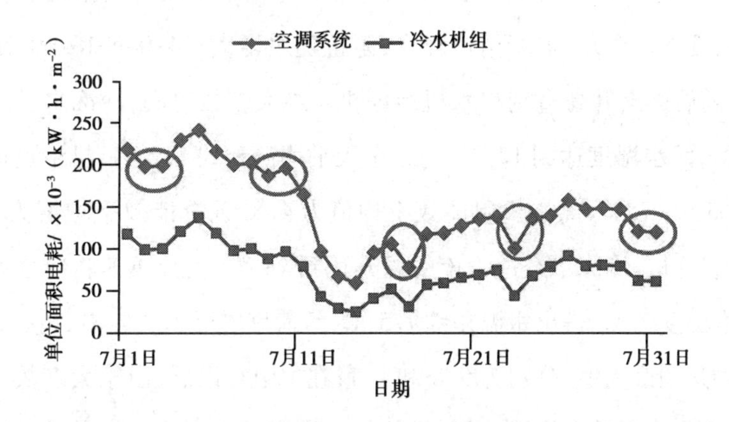

图2.10 2011年7月空调系统分项能耗逐日变化规律

2011年7月室外平均温度在20~33 ℃波动,空调系统能耗和建筑总能耗变化趋势与室外平均温度变化趋势相同,这是因为空调系统能耗占建筑能耗的比例达到62%。7月1—10日空调系统能耗维持在较高水平,7月11日左右空调系统能耗陡降,这是因为7月10日暑假开始,主教学楼的部分教学区开始停止使用。7月11—31日空调系统能耗处于一个相对较低的能耗水平。其中,7月2—3日、9—10日、16—17日、23—24日和30—31日为周末休息日,空调系统能耗会出现低谷点,这也反映了工作日和休息日主教学楼空调系统规律的能耗使用差异,具体如图2.10标注所示。

2)空调日能耗变化规律

夏季空调季节,主教学楼使用率可以根据空调系统末端阻抗的变化进行反映分析。通过设置在分集水器的压力监测值和供水干管的流量测点可以得到末端阻抗变化情况。在测试过程中,冷冻水泵定流量运行,流量的变化仅受阻抗变化和电网波动的影响。

2011年7月15日,室外平均温度为30 ℃,主教学楼空调系统开启1台离心式机组,末端阻抗变化规律如图2.11所示,机组负荷率变化规律如图2.12所示。15日全天空调末端阻抗维持在2.8 ~ 3.1×10^{-5} $mH_2O/(m^6/h^2)$,变化幅度很小。8:00—11:00,阻抗逐渐减小,说明空调末端用户逐渐增多;11:00—13:00,人员逐渐离开,末端用户减少,阻抗随之增大;14:00—16:00,阻抗值逐渐减小,随后逐渐升高直到冷水机组停机。绝大多数时间,冷冻水供水温度稳定在7 ℃,回水温度达到12 ℃左右,全天平均温差约5.2 ℃,机组负荷率基本维持在65% ~75%,离心机组能效平均值为4.8,系统能效平均值为3.3。在8:00机组开机,冷冻水经过一夜的温升达到18 ℃,需要迅速将冷水系统降至额定出水温度7 ℃,进出水温差约7.5 ℃,负荷率增至91%左右,离心机组和系统能效均达到最大值,分别为5.8和4.1;在19:00以后,由于大多数工作人员离开,仅研究生实验室继续使用,故负荷率降至61%左右。主教学楼空调系统单日的使用率变化幅度较小,基本维持稳定,与一般办公建筑存在类似情况,这也为后文空调冷水系统优化运行策略提供了研究基础。

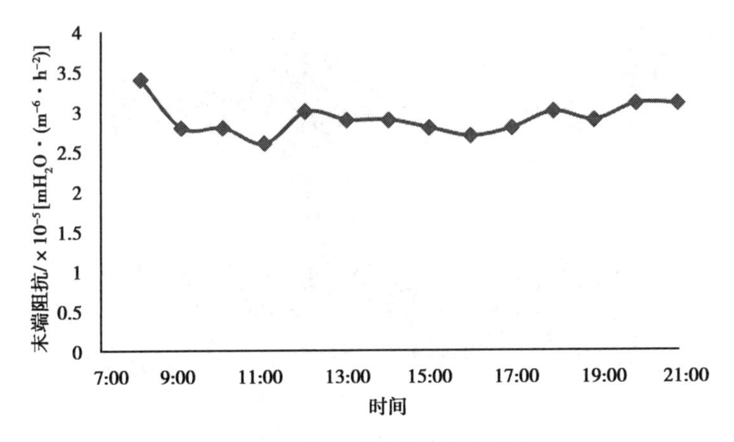

图 2.11　某日末端阻抗变化规律

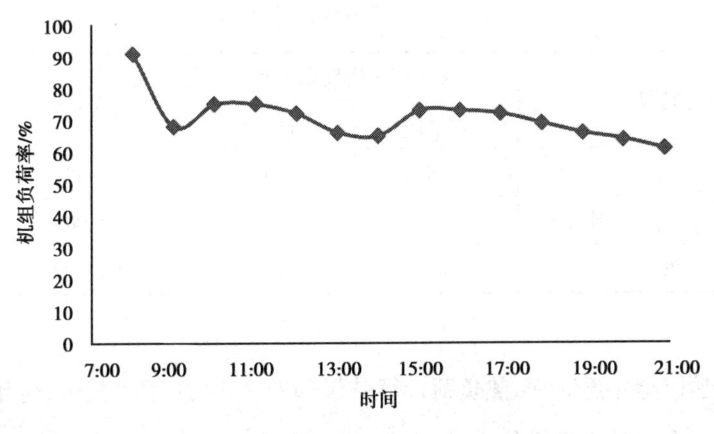

图 2.12　某日机组负荷变化规律

3)高校主楼空调系统能耗特征

采用 DeST 建筑动态能耗模拟软件对主教学楼全年逐时冷热负荷进行模拟对比,具体模型如图 2.13 所示。

主教学楼集教学、办公多功能于一体,在作息时间上,工作日和周末、正常教学时间及寒暑假存在较大差异。因此,为了提高准确度,人员密度和空调开启时间均根据教学和办公区域,按照工作日和周末、正常教学时间和寒暑假分开设置,具体参数设置如表 2.3 所示。

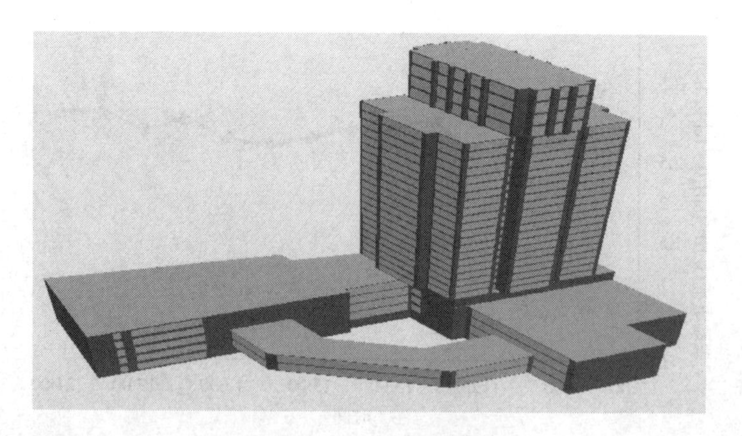

图 2.13　主教学楼模型

表 2.3　空调系统设定时间

时间段		人员相对密度最大值		空调系统开启时间
		教学区	办公区	
正常教学	工作日	1.0	1.0	8:00～22:00
	周末	0.4	0.4	8:00～21:00
寒暑假		0.2	0.5	8:00～21:00

主教学楼全年逐时冷、热负荷计算结果如图 2.14 所示。其中,全年最大冷负荷值出现在 7 月 4 日下午 4 时,为 8 178.5 kW;最大热负荷出现在 1 月 21 日早上 8 时,为 2 384.8 kW;冬季平均热负荷远小于夏季平均冷负荷。

暑假期间往往只需开启 1 台离心机组即可满足负荷要求,离心机组额定制冷量为 2 637 kW,统计 2011 年主教学楼夏季空调系统逐日能耗数据,发现单台离心机组负荷率基本维持在 50% ～80% ,远小于 DeST 软件模拟结果,系统常年处于低负荷运行状态。

由于空调季节和暑期重合及同时使用系数较低,因此高校主楼能耗与一般公共建筑存在较大差异。主楼绝大部分时间只需开启 1 台离心机组即可满足需求,较低的负荷率与该建筑的人员作息特性及使用率紧密相关。暑假期间,裙楼 1—5 层教室、展览厅及会议室等绝大部分时间处于关闭状态,塔楼办公室同时使用系数也有所降低。因此,主教学楼空调系统同时使用系数偏低,兼顾所有用能单元的"3 大 1 小"4 台冷水机组冷源组合方式选型偏大,导致主教学楼空调系统实际能耗情况远低于模拟值。同时,主教学楼空调系统处于低负荷运行,说明其节能潜力巨大,应对主教学楼进行节能诊断,找出空调设备高效运行的改造方案。

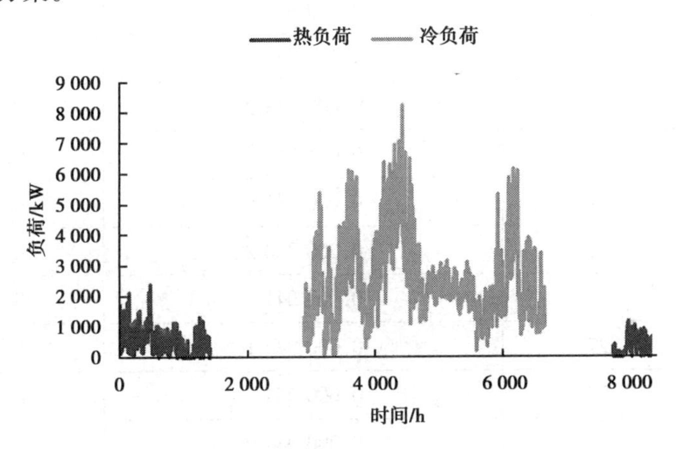

图 2.14　主教学楼全年逐时负荷

2.3.3　空调系统逐日能耗对数回归模型

为了研究影响主教学楼空调系统各逐日能耗因素的影响程度,笔者统计了主教学楼 2011 年夏季部分时间的对应室外逐日平均温度、空调末端逐日平均阻抗和冷水机组逐日负荷率。由于暑假期间开启 1 台离心式机组即可满足负荷要求,因此,冷水机组逐日负荷率是指 1 台离心机组的负荷率,而并非相对于空调系统的总负荷率,具体如表 2.4 所示。

表 2.4　空调系统逐日能耗影响因素

日　期	日平均温度/℃	阻抗/[$mH_2O\cdot(m^{-6}\cdot h^{-2})$]	机组负荷率
7.14	29	0.000 038 4	0.565
7.15	30	0.000 029 0	0.691
7.17	27	0.000 040 3	0.689

续表

日　期	日平均温度/℃	阻抗/[$mH_2O\cdot(m^{-6}\cdot h^{-2})$]	机组负荷率
7.18	27	0.000 038 2	0.502
7.19	27	0.000 029 3	0.615
7.24	31	0.000 037 7	0.523
7.27	31	0.000 040 3	0.535
7.28	31	0.000 029 4	0.718
7.29	33	0.000 043 0	0.533
7.30	33	0.000 043 2	0.557
7.31	34	0.000 031 8	0.668
8.04	33	0.000 030 2	0.668
8.10	33	0.000 041 6	0.595
8.16	27	0.000 034 1	0.622
8.17	30	0.000 054 7	0.507
8.18	32	0.000 044 0	0.578
8.19	31	0.000 046 3	0.537
8.20	30	0.000 037 6	0.648
8.21	28	0.000 058 1	0.565

对冷水机组逐日负荷率影响因素进行相关性分析。利用 SPSS 软件，采用线性回归法，可以得出自变量因子与空调负荷率的相关性，如表 2.5 所示。

表 2.5　自变量因子与空调负荷率的相关性因子相关性

自变量因子	负荷率	温度/℃	阻抗/[$mH_2O\cdot(m^{-6}\cdot h^{-2})$]
负荷率	1.000	0.018	-0.641
温度/℃	0.018	1.000	-0.037
阻抗/[$mH_2O\cdot(m^{-6}/h^{-2})$]	-0.641	-0.037	1.000

在空调系统逐日负荷的影响因素中，末端阻抗的影响程度远大于室外平均温度，即使用率等因素对空调系统能耗影响程度远大于室外气象参数，为空调系统逐日能耗的重要影响因素，说明高校主楼空调系统的低使用率会对空调负荷造成极大的影响。因此，研究高校主楼空调系统低负荷率下的节能运行方式具有重要的实际意义。

令冷水机组负荷率为 d、室外温度为 t、末端阻抗为 r，首先，通过回归得到二元一次拟合函数模型：

$$d = 0.81332 - 1.68954 \times 10^{-4} t - 5406.40863\, r \tag{2.1}$$

计算得到模型(2.1)的平均残差为 0.042。然后，回归得到二元二次拟合函数模型：

$$d = -0.08245 + 0.03235\, t + 16628.68\, r + 2.254 \times 10^{-4} t^2 + 1.603 \times 10^8 r^2 - 1194.07929\, tr \tag{2.2}$$

计算得到模型(2.2)的平均残差为 0.039，相对一次拟合模型具有较高的准确度，但形式过于复杂烦琐。最后，通过试算发现对数关系式最能切合实际测试数据，得到最佳的拟合函数模型：

$$d = f(t, r) = \exp\left(-4.4366 + \ln\left(\frac{t^{0.0135}}{r^{0.3804}}\right)\right) \tag{2.3}$$

计算得到模型(2.3)的平均残差为 0.033，其精确度如图 2.15 所示，其中，27 ℃ $\leqslant t \leqslant$ 34 ℃，2.9×10^{-5} $mH_2O/(m^6 \cdot h^2) \leqslant r \leqslant 5.81 \times 10^{-5}$ $mH_2O/(m^6 \cdot h^2)$。该模型表明冷水机组负荷率与室外温度和末端阻抗成对数关系，具有较高的精确度，且形式较为简易，适用于逐日不同使用率下的空调系统能耗回归分析。然而，逐日的能耗回归在工程实践中往往是不现实的，关于年度运行条件差异导致的年度空调系统能耗调整问题将在第 4 章中详细讨论。

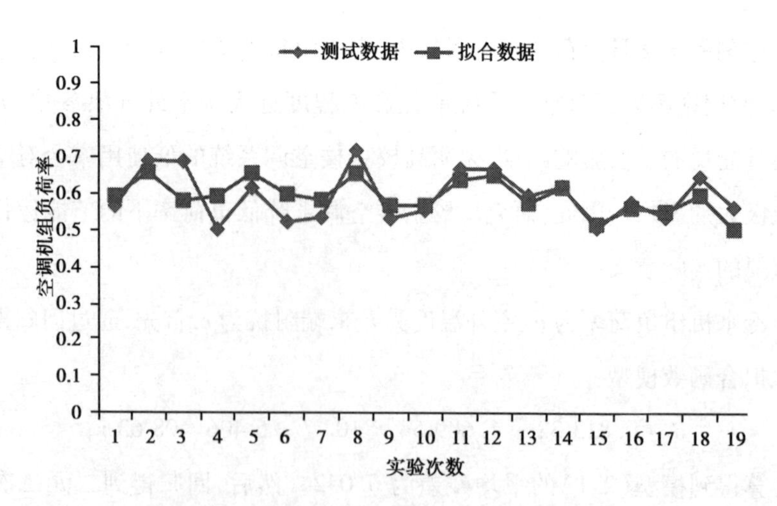

图 2.15　冷水机组负荷率测试值与拟合值对比

2.4　高校主楼空调系统节能诊断

2.4.1　分项节能诊断

空调系统为高校主楼的能耗重点，利用空调系统节能运行的基本理论，根据空调系统检测或监测数据进行理论计算和节能分析，找出空调设备运行效率的影响因素，并对这些因素进行分析，根据存在的问题提出节能改造的措施或优化的运行方案，是主楼节能运行的关键技术。因此，空调系统的节能诊断直接决定利用合同能源管理实施节能改造和优化运行管理的具体实施内容。

空调系统节能诊断的原理是通过对空调系统进行能源审计，找出空调系统的不合理耗能，通过减少不合理耗能达到节能的目的。节能诊断过程中应遵循平衡原理，主要包括电耗、水量、冷/热量和风量平衡。

空调系统能效是建筑空调系统是否节能运行效率的重要指标，空调系统能效与建筑类型的关系不显著。主教学楼空调系统在夏季供冷时通常只开启离心式冷水机组。离心式冷水机组的重要运行特性在于其性能系数与机组负荷率紧密相关,通常,离心式冷水机组 COP 随着负荷率增大呈升高趋势。下面通过 2010 年 8 月主教学楼的空调系统运行情况对离心式冷水机组 COP 进行诊断。节能诊断过程中需要检测的参数包括空气温湿度、设备输入功率、水流量、水温、水压、风量及风压等。

1)机组负荷率变化情况

统计 2010 年 8 月主教学楼空调系统能耗监控数据,得到室外平均温度和离心式冷水机组负荷率变化规律如图 2.16 所示。

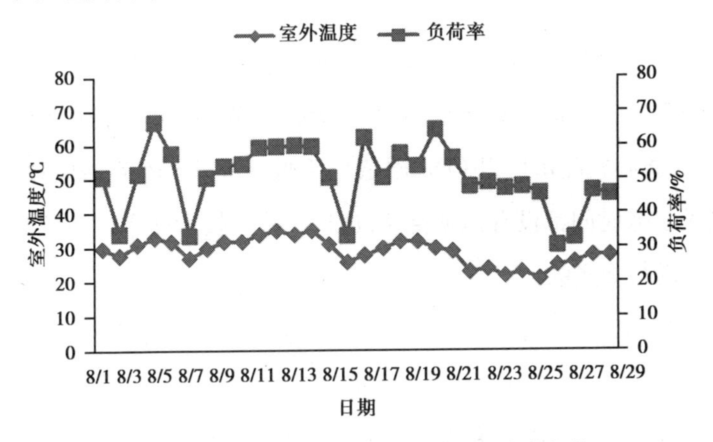

图 2.16 机组负荷率与室外平均温度变化规律

由图 2.16 可知,2010 年 8 月,主教学楼空调系统机组负荷率变化趋势与室外平均温度变化趋势基本一致。室外平均温度在 21 ~ 35 ℃变化,主教学楼离心式机组负荷率在 31% ~70% 波动,均值为 50.6%。统计逐日离心式机组负荷率,发现除开机时段外,每日稳定运行工况的机组负荷率基本上低于 80%,导致离心式冷水机组难以发挥其性能优势。

2)离心式冷水机组 COP 变化情况

统计 2010 年 8 月离心式冷水机组逐日运行参数,得到离心式冷水机组 COP 和负荷率的变化规律如图 2.17 所示。

由图 2.17 可知,2010 年 8 月,离心式冷水机组 COP 在 2.2 ~4.7 波动,离心式冷水机组 COP 与负荷率呈现相同的变化趋势,随负荷率的增大而升高。根

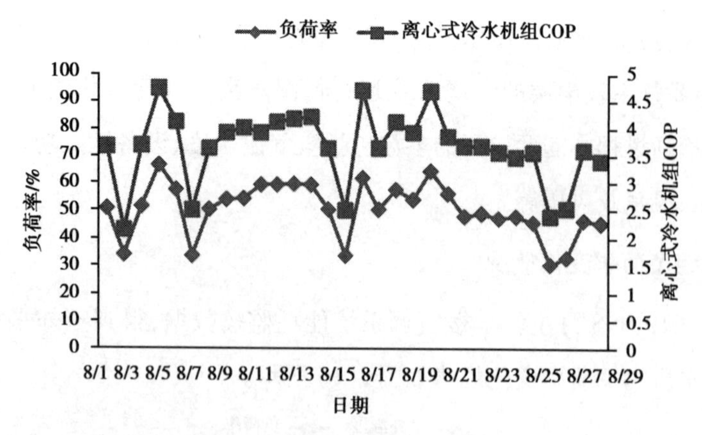

图 2.17　离心式冷水机组 COP 与负荷率的变化规律

据《公共建筑节能改造技术规范》(JGJ 176—2009)的要求,额定制冷量大于 1 163 kW 时离心式冷水机组 COP 限值应不低于 4.2。因此,离心式冷水机组 COP 在绝大多数时间都没有达到要求,这是 8 月主教学楼空调系统基本在部分负荷条件下运行造成的。

统计 2010 年夏季主教学楼空调系统运行监测数据,提取不同负荷率条件下的机组运行参数,分析离心式冷水机组 COP 与负荷率的对应关系。当离心式冷水机组负荷率为 30% ~80% 时,离心式冷水机组 COP 负荷率的关系如图 2.18—图 2.22 所示。

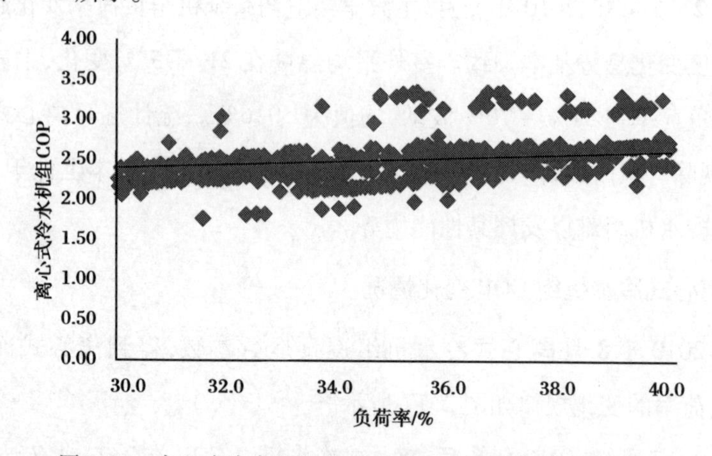

图 2.18　离心式冷水机组 COP 与 30% ~40% 负荷率的关系

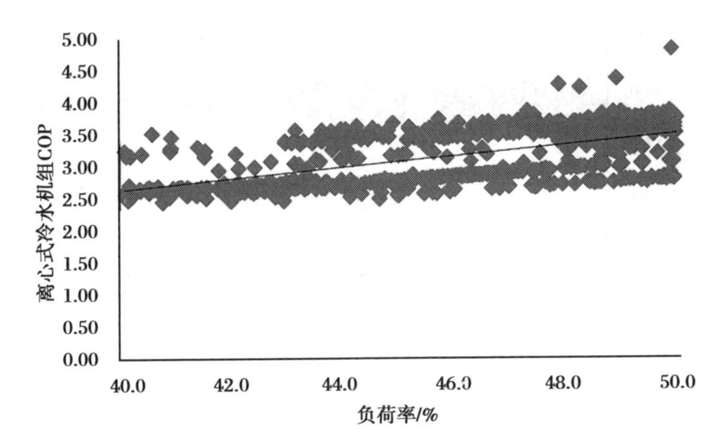

图2.19　离心式冷水机组 COP 与40% ~50%负荷率的关系

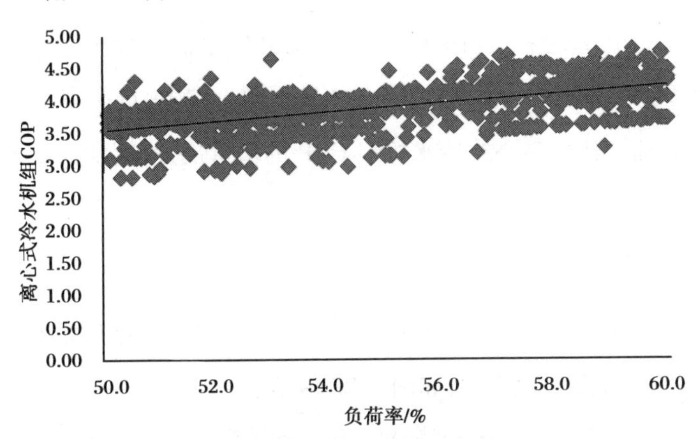

图2.20　离心式冷水机组 COP 与50% ~60%负荷率的关系

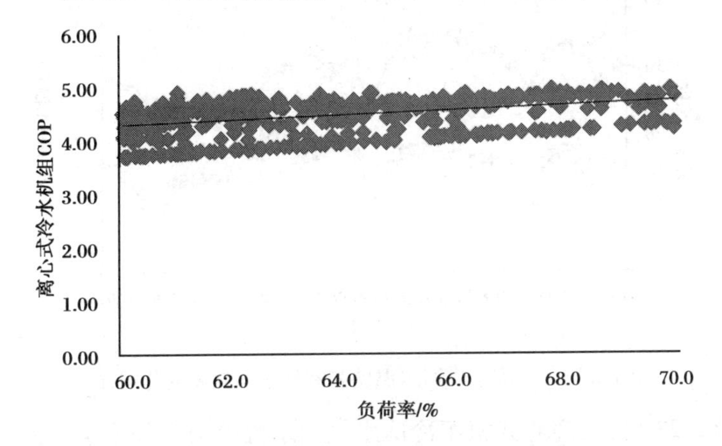

图2.21　离心式冷水机组 COP 与60% ~70%负荷率的关系

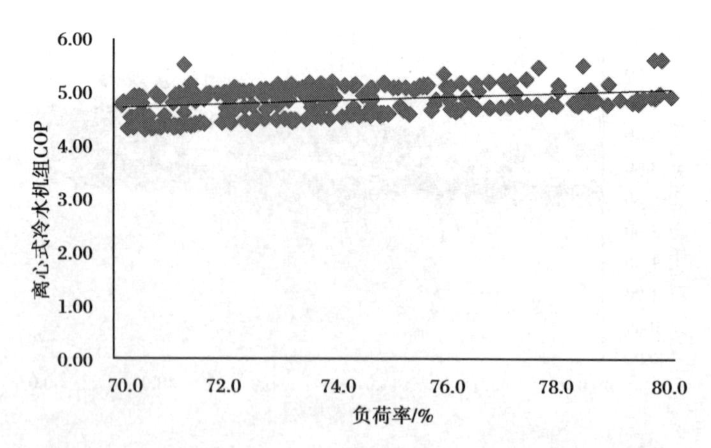

图 2.22 离心式冷水机组 COP 与 70% ~80% 负荷率的关系

由图 2.22 可知,随着负荷率的增加,离心式冷水机组 COP 呈上升趋势。在不同负荷率区段,离心式冷水机组 COP 增量不同。其中,负荷率为 40% ~50% 和 60% ~70% 区段时,离心式冷水机组 COP 的增量最大,达到 1.2,其他负荷率区段次之。

3)供回水温差

统计 2010 年 8 月离心式冷水机组逐日运行参数,得到机组冷冻水供回水温差和室外平均气温变化规律,如图 2.23 所示。

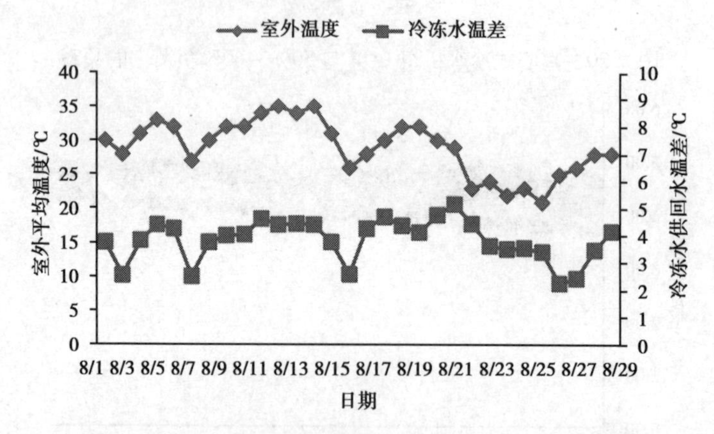

图 2.23 冷冻水供回水温差和室外平均温度变化规律

由图 2.23 可知,离心式机组冷冻水供回水温差与室外平均气温保持一致的变化趋势,基本维持在2.5～5 ℃。主教学楼空调冷水系统设计温差为7 ℃,因此,冷水系统存在“大流量、小温差”现象。因此,应该考虑对冷水系统实行变频控制,以降低水系统流量,达到空调系统节能运行的目的。

统计2010年8月离心式冷水机组逐日运行参数,得到离心式冷水机组冷却水供回水温差和室外平均温度变化规律,如图2.24所示。

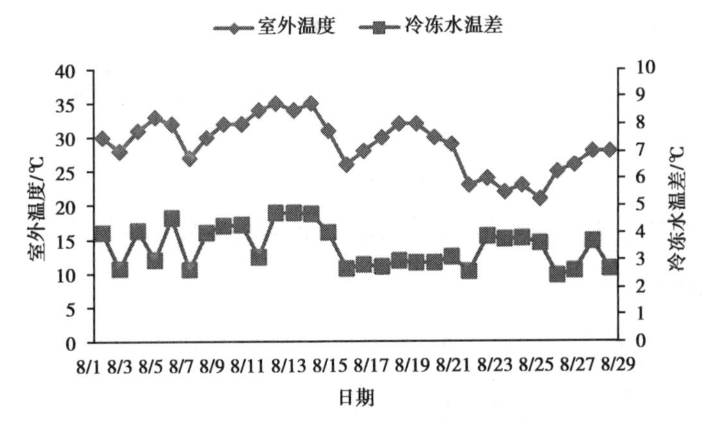

图2.24　冷却水供回水温差和室外平均温度变化规律

由图2.24可知,离心式冷水机组冷却水温差与室外平均温度保持一致的变化趋势,基本保持在3 ～ 5 ℃。由于空调系统处于部分负荷条件下,冷却水系统定流量运行,因此冷却水供回水温差偏低。由于冷却水泵与冷水机组、冷却塔三者能耗存在耦合情况,因此,应该分析冷却水系统变频控制的节能性,以判定该系统是否可以通过冷却水泵变频控制达到空调系统节能运行的目的。

4)水系统输送系数

统计2010年8月空调系统冷冻水逐日运行参数,得到冷冻水输配系数,如图2.25所示。

由图2.25可知,冷冻水输配系数基本大于输配系数限值,仅有4天低于冷冻水输配系数限值,说明冷冻水泵运行工况较好。冷水系统输送性能较好是由于离心式冷水机组负荷率较低,冷水系统输送给末端冷量较大;同时冷冻水泵变频导致水泵能耗骤降造成输配系数增大。

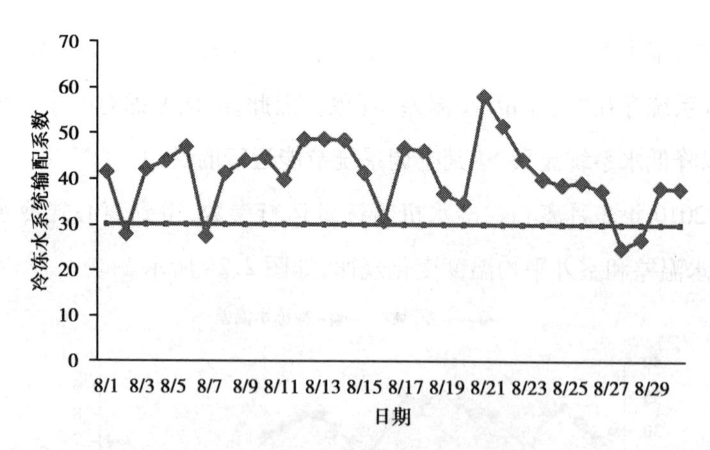

图 2.25　冷冻水输配系数变化规律

统计 2010 年 8 月空调系统冷却水侧逐日运行参数，得到冷却水输配系数，如图 2.26 所示。

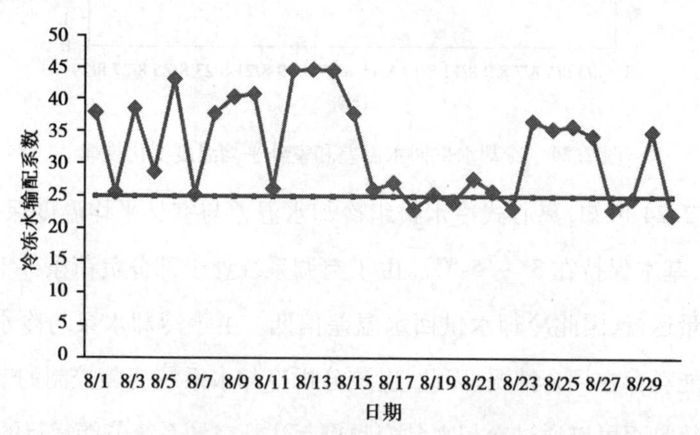

图 2.26　冷却水输配系数变化规律

由图 2.26 可知，冷却水输配系数基本大于输配系数限值，说明冷却水泵运行工况较好。冷却水输配性能较好也是由于离心式冷水机组负荷率较低，冷却水换热量较大。2010 年 8 月下旬存在冷却水输配系数低于限值的现象则是室外气象参数变化导致冷却侧换热量减小造成的。

2.4.2　用能现状诊断

通过对主教学楼节能进行诊断，发现每日稳定运行工况的离心式冷水机组处于部分负荷运行状态，导致离心式冷水机组难以发挥其性能优势；冷冻水泵、冷却水泵运行工况均较好，这是离心式冷水机组负荷率较低，空调水系统输送给末端冷量较大造成的。因此，高校主楼相对于其他类型公共建筑来说，更具有变流量节能运行的潜力。

节能改造前，2009 年 7 月 28 日对主教学楼空调系统进行能效测试，室外空气平均温度为 24 ℃。主教学楼空调系统在夏季供冷时通常只开启离心式冷水机组，空调系统测试运行工况为 1 台离心式冷水机组、2 台冷冻水泵、2 台冷却水泵和 4 台冷却塔，28 日连续 4.5 h 稳定运行的冷源系统能效测试数据如表 2.6 所示。

表 2.6 2009 年 7 月 28 日稳定运行的冷源系统能效测试数据

参 数	结 果	参 数	结 果
冷冻水回水平均温度/℃	12.7	系统制冷量/(kW · h)	9 172.8
冷冻水供水平均温度℃	9.9	冷冻水泵耗电量/(kW · h)	412.2
冷却水回水平均温度/℃	30.3	冷却水泵耗电量/(kW · h)	762.7
冷却水供水平均温度/℃	37.2	冷却塔耗电量/(kW · h)	346.5
冷冻水侧进水平均流量/($m^3 \cdot h^{-1}$)	624	机组耗电量/(kW · h)	2 074.5
冷却水侧进水平均流量/($m^3 \cdot h^{-1}$)	682	系统耗电量/(kW · h)	3 595.9
系统能效比	2.55		

由表 2.6 可知，冷水系统分水器供水平均温度高达 9.9 ℃，较设定值高 2.9 ℃，这是因为未开启的离心式冷水机组进水侧电动阀常年保持开启状态，使得部分冷冻水旁通，冷水温度升高。冷水侧供水温度偏高导致空调末端换热性能降低，使局部空调房间的送风温度高达 22.8 ℃，造成室内热舒适性难以达到设计要求。

空调系统能效比仅为 2.55，这是由于冷冻水侧和冷却水侧均采用“1 机对 2 泵”的运行方式。冷水系统温差仅为 2.8 ℃，在机组侧因为未关闭阀门旁通部分冷冻水,导致离心式冷水机组处于低效运行状态。冷却水系统用于平衡各台冷却塔的水力平衡阀存在堵塞,导致单台冷却水泵运行时流量偏低,系统不能正常运行,并需开启 4 台冷却塔进行换热,冷却塔出水温度最终略有降低。由于冷却塔未能定期清洗,因此布水不均匀,冷却塔效率降低,增加冷却塔开启台数,但是其换热能力受限,最终导致空调系统能效无法得到有效提高。

根据空调系统设备能耗,当日离心式冷水机组能耗所占比例达到 58%;冷冻水泵、冷却水泵及冷却塔所占比例分别为 11%、21% 和 10%。水系统输配能耗所占比例较大,因此,空调水系统具有变频运行的节能潜力。综上,对空调系统实行节能改造和运行管理方案如下。

1)控制系统变频改造

对冷冻水泵和冷却塔风机进行变频改造,适应部分负荷要求;对机房群控系统进行相应改造,增设相应的变频控制系统,优化机房原有的不合理自控设计,重新配置自控管理室的相应管理系统软件,从而优化现有的空调管理,提高系统的运行效率和可靠性。其中,空调系统变频改造的可行性研究为本书的主体部分。

2)水系统管路改造

①在裙楼异程式水系统的各水平回水管装设平衡阀,通过调试使各层水系统水力平衡,达到设计流量。

②检查并关闭存在旁通的事故旁通阀,仅在电动二通阀发生故障时打开。

③检查并修补水系统管路连接处存在的漏水点,以防水量和冷量浪费。

3)风系统改造

现场风系统检测时发现风管多处破损,存在大量冷量流失。改造过程中对损坏风管进行补修,在风管、设备和连接处进行密封处理,以减少漏风量。

4)优化运行管理

①根据现场运行诊断分析结果,对运行管理人员进行培训,提示关闭未启

用的冷水机组和空调机组的阀门,防止旁通现象;切断长期未使用的冷水机组和设备的电源;实现冷冻水泵、冷却水泵的运行台数与离心式冷水机组一致,冷却塔多台同时开启;开、停机时做到冷冻水泵、冷却水泵、冷却塔、离心式冷水机组与水系统管道电动阀门连锁控制,避免一机对多泵的运行方式。

②对运行管理人员进行培训,提示启动会议厅等房间一直未使用的变风量系统、空调系统间歇运行等综合节能方式。

2.5 本章小结

本章统计了高校主楼详细能耗数据并进行节能诊断,首先,研究了主教学楼空调系统的特殊用能特征,结果表明主教学楼空调系统能耗占总能耗的62%,其中,离心式冷水机组能耗占空调能耗的48%,末端能耗达到27%,输配系统为25%。单日稳定运行工况空调使用率处于较稳定状态,导致水系统压差对负荷不敏感;空调高峰季节为7、8月份,与暑期存在部分交叉,且主教学楼各用能单元存在同时使用系数偏低的特殊性,空调系统长期处于低负荷状态运行。对比DeST模型,表明同时使用系数偏低导致空调系统实际负荷率主体居于较低负荷区间时段,且远远低于模拟值。

然后,本章研究了空调系统逐日负荷率的相关性,结果表明使用率对空调逐日能耗影响程度远大于室外温度的影响,并建立了最佳的逐日空调系统能耗特征对数回归模型。

最后,本章对主教学楼空调系统进行了节能运行诊断,发现水系统温差偏小,输送系数却基本达到要求,说明系统负荷率较低,水系统输送给末端冷量较大,空调系统设备选型存在较大余量,具有较大的节能运行潜力。

3　冷水机组节能运行策略

3.1　冷水机组能耗变化规律

3.1.1　冷水机组能耗模型

高校主楼空调系统节能运行管理过程中的关键技术问题是如何通过系统的优化运行策略提高空调系统运行能效。由于暑假期间空调系统常常在部分负荷条件运行，因此，根据高校主楼用能特征，空调系统设备选型存在较大余量，研究空调系统在部分负荷条件下的优化运行策略是高校主楼节能技术的关键。优化的运行策略应该以水泵、冷水机组、冷却塔、末端等设备的系统整体最高能效为目标。

冷水系统能耗包括冷水机组、冷冻水泵及末端三部分；冷却水系统能耗包括冷水机组、冷却水泵及冷却塔三部分。2011 年夏季空调系统各分项能耗中，冷水机组能耗最大，达 7.71 $kW \cdot h/m^2$，占空调系统总能耗的 48%，水流量降低导致冷水机组能效降低、能耗增大对水系统能耗具有较大的影响，不容忽视。水泵及冷却塔等输配设备能耗占空调系统总能耗的 25%，为节能改造及运行管理的技术关键部位。空调水系统变流量运行的核心问题是系统水流量降低对冷水机组性能的影响，主教学楼冷源系统选型存在较大余量。因此，空调系统节能首先应重视冷水机组的优化运行。

主教学楼冷水机组在定冷冻水出水温度 6 ℃,定不同冷凝器进水温度条件下,当水系统变流量运行时,其 COP 主要受水系统相对流量和冷凝器进水温度影响。本书根据大量实际数据进行拟合试算,得到相关性较高的冷水机组性能变化模型,具体表达式如下:

$$\mathrm{COP} = z_0 + a\overline{Q} + bt_c + c\overline{Q}^2 + dt_c^2 + e\overline{Q}t_c \tag{3.1}$$

式中 $\overline{Q}$——水系统相对流量;

t_c——冷凝器进水温度,℃;

a,b,c,d——拟合系数。

同理,对应的冷水机组能耗模型表达式如下:

$$N = z'_0 + a'\overline{Q} + b't_c + c'\overline{Q}^2 + d't_c^2 + e'\overline{Q}t_c \tag{3.2}$$

式中 N——冷水机组功率,W;

3.1.2 离心式冷水机组能耗变化规律

利用开利公司专用软件对主教学楼采用的离心式冷水机组(型号 19XR6565467DH552,制冷量 2 637 kW,功率 488 kW)和螺杆式冷水机组(型号 30HXC350A,制冷量 1 144 kW,功率 252 kW)在不同负荷率下的变流量性能进行模拟,得到离心式冷水机组变流量运行能耗模型,提供空调水系统变流量运行的基础。

离心式冷水机组 COP 随着负荷率增大而升高,并在 80% ~90% 负荷率时达到最大值。因此,离心式冷水机组适合在较高负荷率下运行。当离心式冷水机组应用于高校主楼空调系统变流量运行时,其能效降低导致的能耗增量不容忽视。

1)冷冻水变流量运行模型

当冷冻水变流量、冷却水定流量运行时,采用定温差控制方式,机组蒸发器侧相对流量与负荷率成正比变化,即 100% 负荷率对应 100% 冷冻水相对流量。

由于离心式冷水机组的条件限制，当机组负荷率降至60%以下时，冷冻水相对流量保持60%恒定，不再继续下降。定冷冻水出水温度6 ℃，在定不同冷凝器进水温度条件下，分析得出不同冷冻水流量对应机组性能变化规律，如表3.1和图3.1所示。

表3.1　冷冻水流量与离心式冷水机组性能变化规律

负荷率/%	冷冻水相对流量/%	COP(不同冷凝器进水温度条件)					
		20 ℃	22 ℃	25 ℃	28 ℃	30 ℃	32 ℃
100	100	6.50	6.31	6.05	5.78	5.59	5.35
90	90	6.67	6.45	6.16	5.86	5.61	5.30
80	80	6.70	6.49	6.19	5.69	5.41	5.13
70	70	6.64	6.37	5.88	5.41	5.13	4.86
60	60	6.51	6.13	5.57	5.09	4.79	4.52
50(52)	60	5.91	5.57	5.13	4.71	4.44	4.22
40	60	5.33	5.00	4.63	4.29	4.06	
30(37)	60	4.52	4.28	3.99	3.71	3.92	
20(24)	60	3.49	3.36	3.16	3.30		
10	60	2.36	2.30	2.16			

注：括号内的负荷率为对应冷凝器进水温度条件下机组能达到的最低限值。

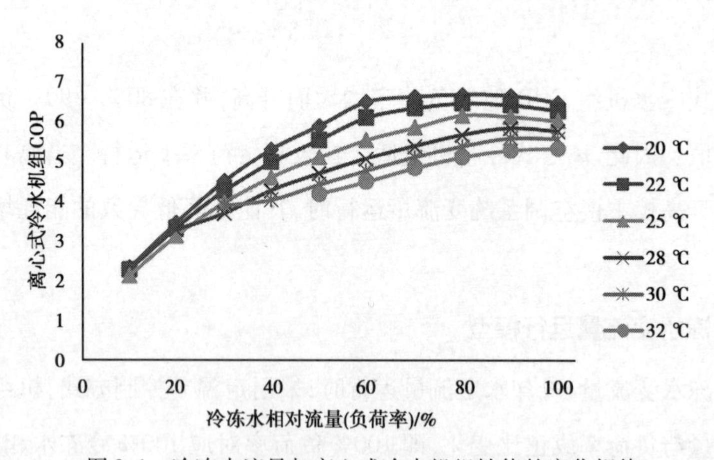

图3.1　冷冻水流量与离心式冷水机组性能的变化规律

离心式冷水机组负荷率减小，冷却水定流量运行导致冷凝温度降低，离心式冷水机组 COP 升高；冷冻水流量随负荷率同比变化，蒸发器侧流量减小，导致蒸发温度减低，离心式冷水机组 COP 降低。在不同负荷率下，由于离心式冷水机组蒸发侧流量对离心式冷水机组 COP 影响较大，所以离心式冷水机组 COP 最终随着冷冻水流量减小而呈现出降低趋势。

当冷冻水相对流量与负荷率同比变化 60% ~100%，冷凝器进水温度在 20 ~ 32 ℃时，离心式冷水机组 COP 随冷冻水相对流量和冷凝器进水温度变化规律模型如下：

$$\text{COP} = 7.96012 + 6.28452\,\overline{Q} - 0.25488\,t_c - 6.16667\,\overline{Q}^2 - 4.78055 \times 10^{-4} t_c^2 + 0.18594\,\overline{Q}\,t_c \tag{3.3}$$

式中　$\overline{Q}$——冷冻水相对流量，60% ~100%；

t_c——冷凝器进水温度，20 ~32 ℃。

为了检验回归模型的显著性，即评价离心式冷水机组性能与冷冻水相对流量和冷凝器进水温度的关系是否密切，通常采用 F 检验，F 统计量的计算公式为：

$$F = \frac{\sum (\hat{y} - \bar{y})^2 / k}{\sum (y - \hat{y})^2 / n - k - 1} \tag{3.4}$$

式中　$\hat{y}$——拟合值；

$\bar{y}$——平均值；

n——数据量；

k——参数量。

拟合模型(3.3)为二元二次方程，无法直接采用上述方法进行检验。因此，令 $\overline{Q}=x_1$，$t_c=x_2$，$\overline{Q}^2=x_3$，$t_c^2=x_4$，$\overline{Q}t_c=x_5$，经过代换后的模型变为五元一次方程，则可以按照线性回归的方法进行检验，故对应式(3.4)中的 k 值应该取 5。

经过计算得到模型(3.3)的 $F=390.4$，取显著性水平 $\alpha=0.01$，查 F 分布表

得临界值 $F_{0.99}(5,24)=3.9$。由于 $F>3.9$,故回归模型具有显著意义,回归效果显著,即冷冻水相对流量和冷凝器进水温度对离心式冷水机组 COP 的影响显著。因此,冷冻水系统变流量运行对离心式冷水机组性能影响明显,应综合考虑系统综合能效以确定冷冻水变流量运行的节能性能。

2)机组冷却水变流量运行模型

当冷却水变流量、冷冻水定流量运行时,采用定温差控制方式,机组冷凝器侧相对流量与负荷率成正比变化,即 100% 负荷率对应 100% 冷却水相对流量。由于离心式冷水机组条件限制,当离心式冷水机组负荷率降至 50% 以下时,冷却水相对流量将保持 50% 恒定,不再继续下降。定冷冻水出水温度 6 ℃,在定不同冷凝器进水温度条件下,分析不同冷却水流量对应离心式冷水机组性能变化规律如表 3.2 和图 3.2 所示。

表 3.2　冷却水流量与离心式冷水机组性能的变化规律

负荷率/%	冷却水相对流量/%	COP(不同冷凝器进水温度)					
		20 ℃	22 ℃	25 ℃	28 ℃	30 ℃	32 ℃
100	100	6.50	6.31	6.06	5.78	5.59	5.35
90	90	6.63	6.43	6.13	5.82	5.57	5.22
80	80	6.64	6.41	6.06	5.58	5.30	4.95
70(75)	70	6.48	6.15	5.70	5.23	4.95	4.82
60	60	6.20	5.82	5.29	4.82	4.53	
50(54)	50	5.54	5.23	4.83	4.41	4.26	
40	50	5.05	4.77	4.43	4.07		
30(37)	50	4.35	4.14	3.86	3.95		
20	50	3.42	3.29	3.10			
10(13)	50	2.34	2.28	2.43			

注:括号内的负荷率为对应冷凝器进水温度条件下机组能达到的最低值。

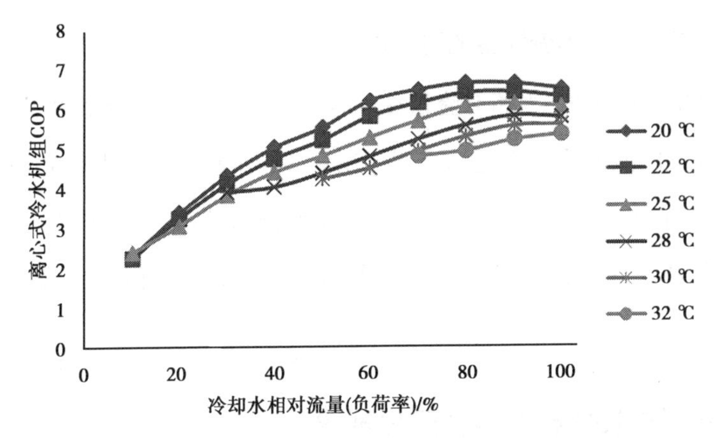

图 3.2　冷却水流量与离心式冷水机组性能的变化规律

当机组负荷率减小,冷冻水定流量导致蒸发温度降低时,离心式冷水机组 COP 降低;冷却水流量随负荷率同比变化,冷凝器侧流量减小,导致冷凝温度升高,离心式冷水机组 COP 降低。在不同负荷率下,由于离心式冷水机组冷凝器侧流量与蒸发器侧蒸发温度对离心式冷水机组 COP 的共同影响,离心式冷水机组 COP 最终随着冷却水流量减小而呈现出降低趋势。

当冷却水相对流量与负荷率同比变化 50% ~100%,冷凝器进水温度为 20 ~32 ℃时,离心式冷水机组 COP 随冷却水相对流量和冷凝器进水温度变化规律模型如下:

$$\mathrm{COP}=5.41747+9.51382\overline{Q}-0.19147t_c-6.53681\overline{Q}^2-4.42868\times10^{-4}t_c^2+0.1097\overline{Q}t_c \tag{3.5}$$

式中　$\overline{Q}$——冷却水相对流量,50% ~100%;

t_c——冷凝器进水温度,20 ~32 ℃。

同理,经过计算得到模型(3.5)的 $F=295.7$,取显著性水平 $\alpha=0.01$,查 F 分布表得临界值 $F_{0.99}(5,18)=4.25$。由于 $F>4.25$,故回归模型具有显著意义,回归效果显著,即冷却水相对流量和冷凝器进水温度对离心式冷水机组 COP 的影响显著。因此,冷却水系统变流量运行对离心式冷水机组性能影响明显,应综合考虑系统综合能效以确定冷却水变流量运行的节能性能。

3)离心式冷水机组变流量的可行性

通过模拟可以看出,当相对流量在60% ~100%变化时,冷却水变流量对离心式冷水机组性能的影响总是大于冷冻水。以冷凝器进水温度30 ℃工况为例,当相对流量从100%降至60%时,冷却水对离心式冷水机组COP的影响比冷冻水大4.7%。因此,离心式冷水机组冷冻水相对于冷却水更适宜变流量运行方式。

3.1.3 螺杆式冷水机组能耗变化规律

螺杆式冷水机组定流量运行时,机组COP在25%、50%、75%和100%负荷率时均出现一个小高峰,这与螺杆式冷水机组装设4台机头有关。当负荷率高于20%时,螺杆式冷水机组均能保持稳定的能效;当负荷率低于20%时,螺杆式冷水机组能效才会迅速降低。因此,螺杆式冷水机组具有较好的部分负荷性能,更适应高校主楼空调系统变流量运行。

1)机组冷冻水变流量运行模型

当冷冻水变流量、冷却水定流量运行时,采用定温差控制的方式,螺杆式冷水机组蒸发器侧相对流量与负荷率成正比变化,即100%负荷率对应100%冷冻水相对流量。由于螺杆式冷水机组条件限制,当机组负荷率降至60%以下时,冷冻水相对流量将保持60%恒定,不再继续下降。定冷冻水出水温度6 ℃,在定不同冷凝器进水温度条件下,分析不同冷冻水相对流量对应螺杆式冷水机组性能变化规律,如表3.3和图3.3所示。

表3.3 冷冻水相对流量与螺杆式冷水机组性能的变化规律

负荷率/%	冷冻水相对流量/%	COP(不同冷凝器进水温度)					
		20 ℃	22 ℃	25 ℃	28 ℃	30 ℃	32 ℃
100	100	6.44	6.06	5.51	5.02	4.69	4.39
90	90	6.16	5.78	5.22	4.71	4.40	4.09

续表

负荷率/%	冷冻水相对流量/%	COP(不同冷凝器进水温度)					
		20 ℃	22 ℃	25 ℃	28 ℃	30 ℃	32 ℃
80	80	6.25	5.87	5.32	4.80	4.48	4.16
70	70	6.34	5.91	5.37	4.86	4.52	4.21
60	60	6.23	5.80	5.21	4.66	4.33	4.02
50	60	6.64	6.22	5.69	5.17	4.82	4.51
40	60	6.41	5.92	5.32	4.74	4.37	4.07
30	60	6.46	6.03	5.34	4.83	4.48	4.17
20	60	6.40	5.95	5.32	4.69	4.42	4.07
10	60	5.61	5.14	4.45	3.88	3.53	3.24

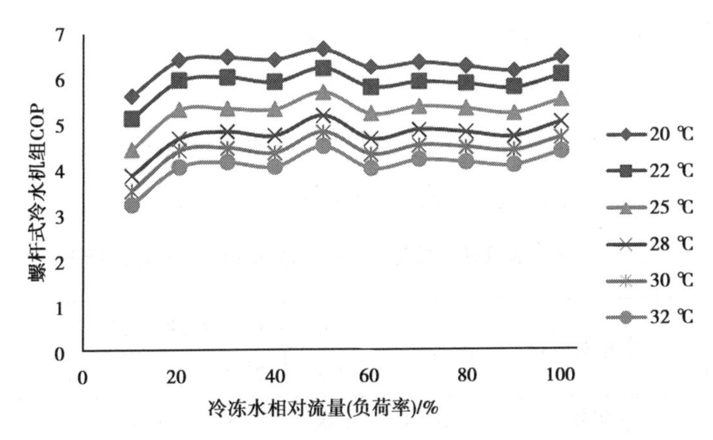

图 3.3　冷冻水相对流量与螺杆式冷水机组性能的变化规律

螺杆式冷水机组 COP 随着冷冻水流量变化而呈现起伏变化趋势，在负荷率 50%，对应冷冻水相对流量 60% 时达到最大值。

当冷冻水相对流量与负荷率同比变化 60% ~100%，冷凝器进水温度 20 ~32 ℃时，螺杆式冷水机组 COP 随冷冻水相对流量和冷凝器进水温度变化规律模型如下：

$$\text{COP} = 12.48195 - 2.97031\overline{Q} - 0.31422t_c + 1.65476\overline{Q}^2 + 0.0022t_c^2 + 0.03061\overline{Q}t_c \tag{3.6}$$

式中　$\overline{Q}$——冷冻水相对流量,60% ~100%;

t_c——冷凝器进水温度,20 ~32 ℃。

同理,经过计算得到模型(3.6)的 $F=372.6$,取显著性水平 $\alpha=0.01$,查 F 分布表得临界值 $F_{0.99}(5,24)=3.9$。由于 $F>3.9$,故回归模型具有显著意义,回归效果显著,即冷冻水相对流量和冷凝器进水温度对螺杆式冷水机组 COP 的影响显著。因此,冷冻水系统变流量运行对螺杆式冷水机组性能影响明显,应综合考虑系统综合能效以确定冷冻水变流量运行的节能性能。

2)螺杆式冷水机组冷却水变流量运行模型

当冷却水变流量、冷冻水定流量运行时,采用定温差控制方式,螺杆式冷水机组冷凝器侧相对流量与负荷率成正比变化,即 100% 负荷率对应 100% 冷却水相对流量。由于螺杆式冷水机组条件限制,当螺杆式冷水机组负荷率降至 50% 以下时,冷却水相对流量将保持 50% 恒定,不再继续下降。定冷冻水出水温度 6 ℃,在定不同冷凝器进水温度条件下,分析不同冷却水相对流量对应螺杆式冷水机组性能的变化规律,如表 3.4 和图 3.4 所示。

表 3.4　冷却水相对流量与螺杆式冷水机组性能的变化规律

负荷率/%	冷却水相对流量/%	COP(不同冷凝器进水温度)					
		20 ℃	22 ℃	25 ℃	28 ℃	30 ℃	32 ℃
100	100	6.44	6.06	5.51	5.02	4.45	4.39
90	90	6.07	5.70	5.15	4.63	4.32	4.02
80	80	6.02	5.66	5.13	4.61	4.30	4.02
70	70	5.97	5.61	5.07	4.57	4.25	3.95
60	60	5.63	5.22	4.69	4.17	3.85	3.55
50	50	5.83	5.47	4.94	4.46	4.17	3.88
40	50	5.41	5.02	4.44	3.97	3.65	3.38
30	50	5.46	5.13	4.58	4.05	3.78	3.48
20	50	5.44	5.04	4.52	3.98	3.68	3.41

续表

负荷率/%	冷却水相对流量/%	COP(不同冷凝器进水温度)					
		20 ℃	22 ℃	25 ℃	28 ℃	30 ℃	32 ℃
10	50	4.52	4.10	3.57	3.11	2.81	2.56

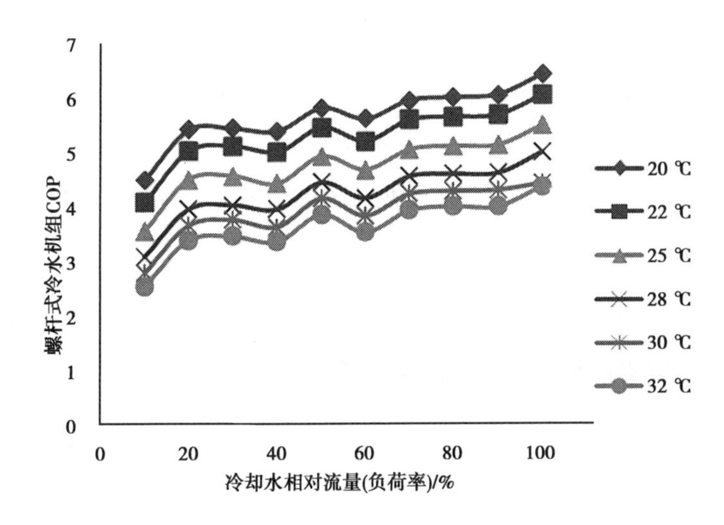

图 3.4　冷却水相对流量与螺杆式冷水机组性能的变化规律

螺杆式冷水机组 COP 随着冷却水相对流量变化而呈现起伏变化趋势,在负荷率 100%,对应冷冻水相对流量 100%时达到最大值。

当冷却水相对流量与负荷率同比变化 50% ~100%,冷凝器进水温度 20 ~32 ℃时,螺杆式冷水机组 COP 随冷却水相对流量和冷凝器进水温度变化规律模型如下:

$$\text{COP} = 8.50692 + 3.65107\overline{Q} - 0.26553t_c - 0.9881\overline{Q}^2 + 0.00204t_c^2 - 0.01548\overline{Q}t_c \quad (3.7)$$

式中　$\overline{Q}$——冷却水相对流量,50% ~100%;

t_c——冷凝器进水温度,20 ~32 ℃。

同理,经过计算得到模型(3.7)的 $F=911.7$,取显著性水平 $\alpha=0.01$,查 F 分布表得临界值 $F_{0.99}(5,30)=3.7$。由于 $F>3.7$,故回归模型具有显著意义,回归效果显著,即冷却水相对流量和冷凝器进水温度对螺杆式冷水机组 COP 的影响显著。因此,冷却水系统变流量运行对螺杆式冷水机组性能影响明显,应综合考虑系统综合能效以确定冷却水变流量运行的节能性能。

3)螺杆式冷水机组变流量的可行性

通过模拟可以看出,当相对流量在 60% ~100% 变化时,冷却水变流量对螺杆式冷水机组性能的影响总是大于冷冻水。以冷凝器进水温度 30 ℃工况为例,当相对流量从 100% 降至 60% 时,冷却水对螺杆式冷水机组 COP 的影响比冷冻水大 5.8% 。因此,螺杆式冷水机组冷冻水相对于冷却水更适宜变流量运行方式。

3.2 冷水机组优化组合运行策略

对于空调系统设计方案阶段应兼顾所有用能单元,主楼空调系统实际运行阶段存在同时使用系数偏低的现象。鉴于此种情况,设计阶段选择多台机组搭配形式,运行管理阶段应制订优化的开机组合方案,建立部分负荷工况的加减机运行策略,以提高部分负荷的系统能效,达到空调系统节能运行的目的。

主教学楼采用开利公司的 3 台离心式冷水机组和 1 台螺杆式冷水机组的冷源组合方式,目的是在较低的负荷率下充分发挥螺杆式冷水机组的能效优势,较高负荷率下发挥离心式冷水机组的能效优势,以降低空调系统的运行能耗。因此,应制订部分负荷条件下的机组优化组合开启策略,保证系统在较低负荷条件下高效运行。当空调负荷从 0 ~8 900 kW 变化时,不同的负荷区段存在不同的开机组合策略,各种方案下的系统能耗也不同。最优开机组合策略应该是考虑冷水机组的部分负荷特性,并以冷水机组、冷冻水泵、冷却水泵、冷却塔的系统整体能效最高为目的。表 3.5 为不同负荷区段的冷水机组开机组合搭配方式。

表 3.5　不同负荷区段的冷水机组开机组合方式

负荷/kW	开机组合方式
Q≤1 144	1 台螺杆式冷水机组;1 台离心式冷水机组
1 144<Q≤2 637	1 台离心式冷水机组;1 台螺杆式冷水机组+1 台离心式冷水机组
2 637< Q≤2 637+1 144	1 台螺杆式冷水机组+1 台离心式冷水机组;2 台离心式冷水机组
2 637+1 144< Q≤2 637×2	2 台离心式冷水机组;1 台螺杆式冷水机组+2 台离心式冷水机组
2 637×2< Q≤2 637×2+1 144	3 台离心式冷水机组;1 台螺杆式冷水机组+2 台离心式冷水机组
2 637×2+1 144< Q≤2 637×3	3 台离心式冷水机组;1 台螺杆式冷水机组+3 台离心式冷水机组
2 637×3< Q≤8 900	1 台螺杆式冷水机组+3 台离心式冷水机组

多台不同的冷水机组并联运行,其蒸发器侧的进、出水温度一致,而出水温度通常设定为 7 ℃,因此,各台机组的蒸发器侧保持相同的进、出水温差,其制冷量之比等于通过冷冻水流量之比。机房管道阀门开度一般保持不变,流经各台机组蒸发器侧水流量成固定比例,该比例近似等于各台冷水机组的额定冷冻水量之比。因此,各台并联机组的负荷率基本相同,机组实际冷冻水流量按照设计工况所占的比例进行考虑。

空调负荷随着室外气温变化而变化,冷却塔出水温度也会发生改变。在不同负荷区段,可以近似认为机组冷凝器进水温度随着负荷进行线性变化。因此,在分析主教学楼的不同负荷区段开机优化组合方式时,机组冷凝器进水温度的近似值如表 3.6 所示。

表 3.6　不同负荷区段的机组冷凝器进水温度的近似值

建筑负荷/kW	0 ~ 1 144	1 145 ~ 3 781	3 782 ~ 5 274	5 275 ~ 6 418	6 419 ~ 8 900
冷凝器进水温度/℃	22	25	28	30	32

空调负荷为 0 ~1 144 kW 时,开启 1 台螺杆式冷水机组,机组负载率变化范围为 0 ~100%;开启 1 台离心式冷水机组时,机组负载率变化范围为 0 ~43.3%。两种开机方案下式冷水机组 COP 和系统(制冷机组、冷冻水泵、冷却水泵、冷却塔)EER 如图 3.5 和图 3.6 所示。

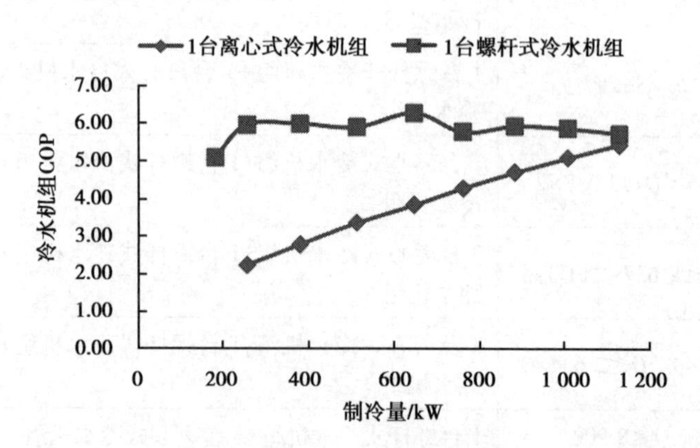

图 3.5 不同组合方案的式冷水机组 COP(0 ~1 144 kW)

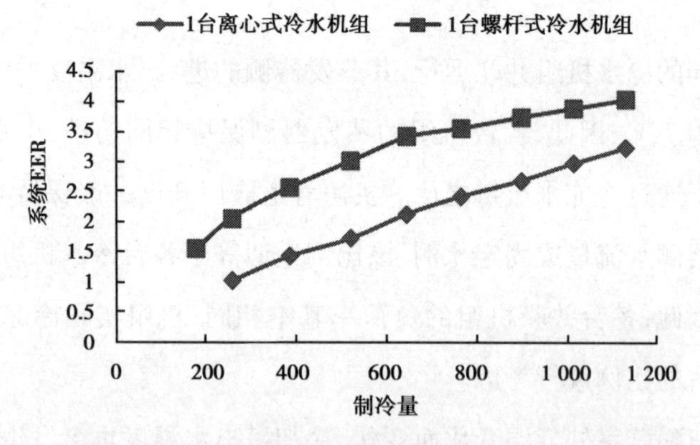

图 3.6 不同组合方案的系统 EER(0 ~1 144 kW)

由于离心式冷水机组在低负荷率时能效较低,同时与离心式冷水机组对应的水泵和冷却塔功率较高,因此,在 0 ~1 144 kW 负荷区段,开启 1 台螺杆式冷水机组的能效总是优于开启 1 台离心机组。

同理,对其他 6 个空调负荷区段进行分析,得到不同组合策略的机组和系统能效如图 3.7—图 3.16 所示。

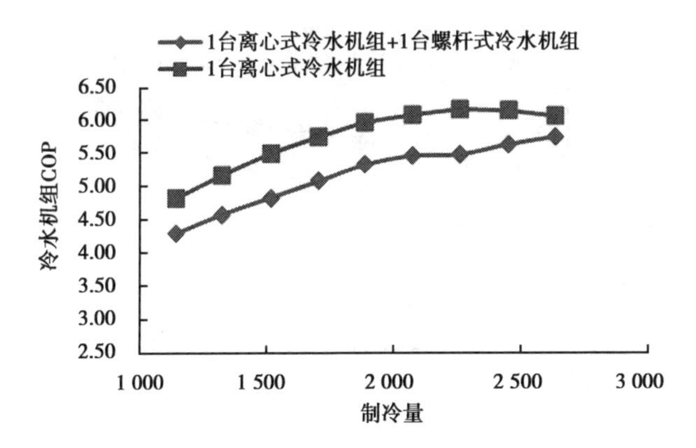

图 3.7　不同组合方案的冷水机组 COP(1 145 ~2 637 kW)

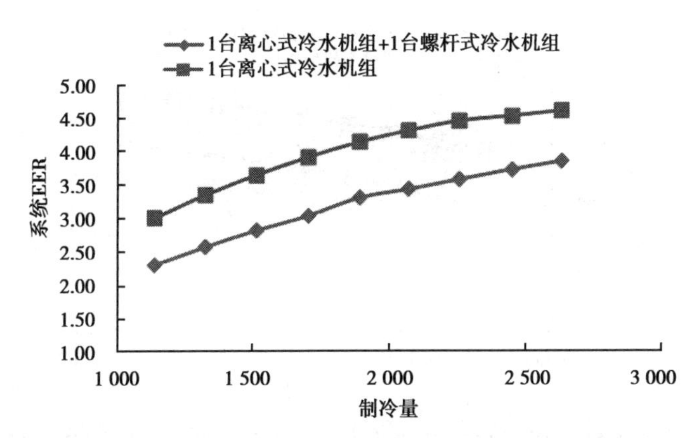

图 3.8　不同组合方案的系统 EER(1 145 ~2 637 kW)

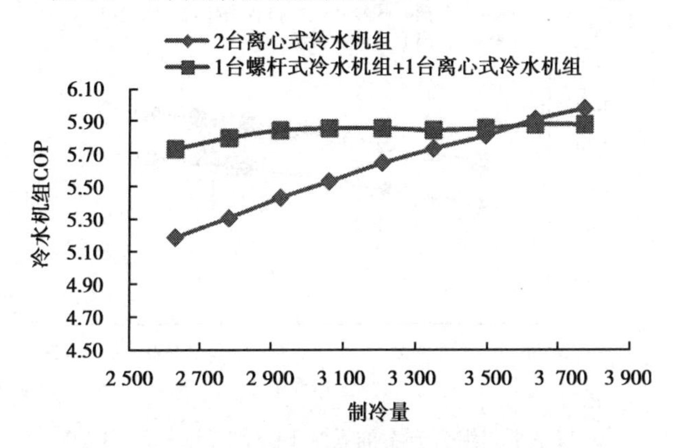

图 3.9　不同组合方案的冷水机组 COP(2 638 ~3 781 kW)

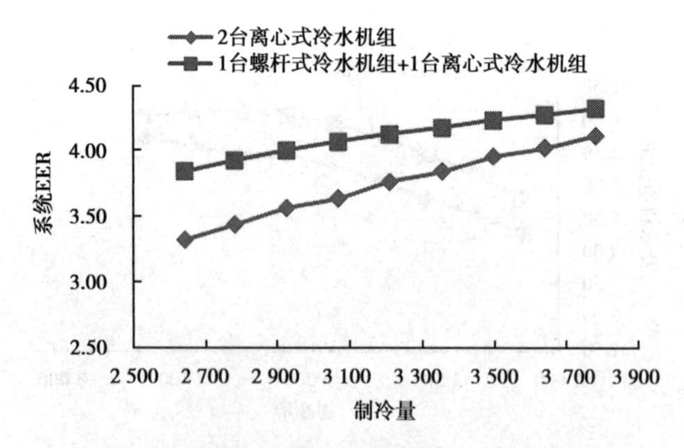

图 3.10　不同组合方案的系统 EER(2 638 ~ 3 781 kW)

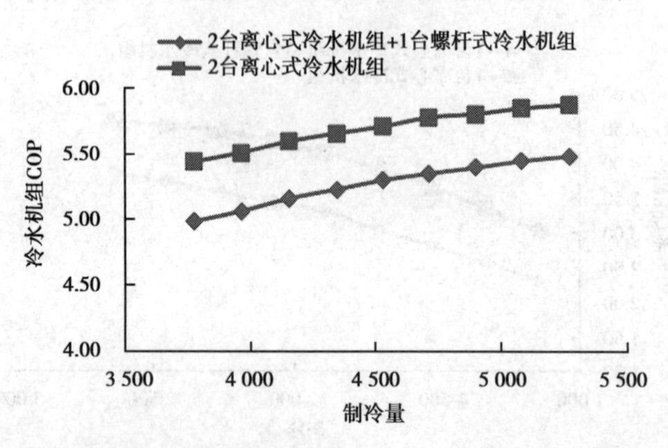

图 3.11　不同组合方案的冷水机组 COP(3 782 ~ 5 274 kW)

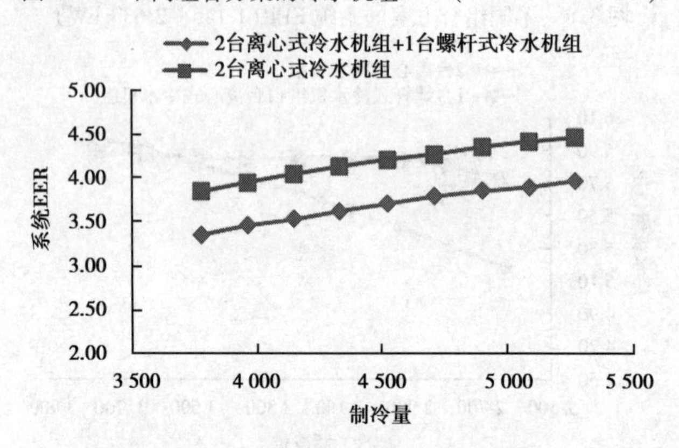

图 3.12　不同组合方案的系统 EER(3 782 ~ 5 274 kW)

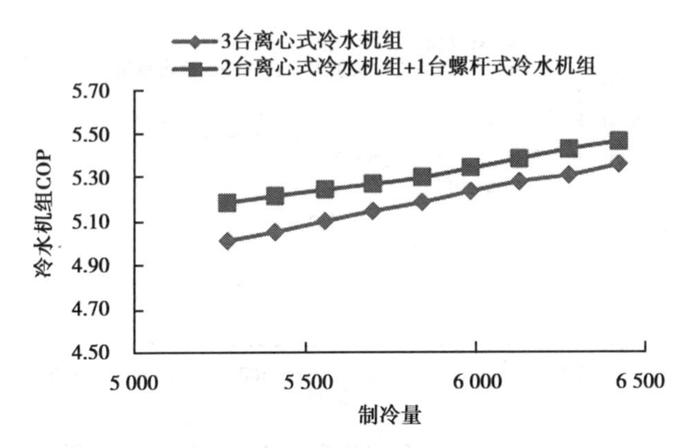

图 3.13　不同组合方案的冷水机组 COP(5 275 ~6 418 kW)

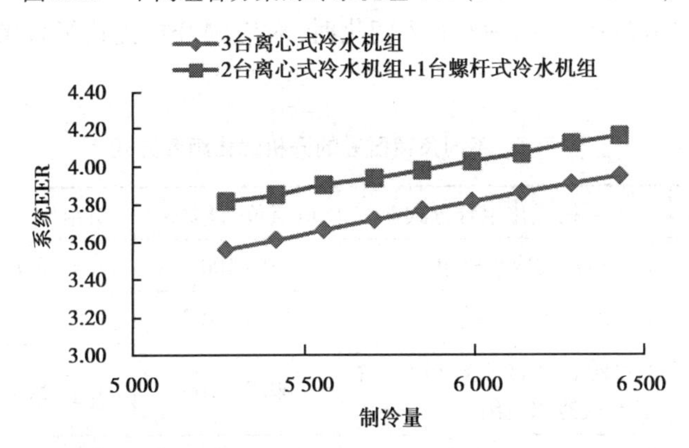

图 3.14　不同组合方案的系统 EER(5 275 ~6 418 kW)

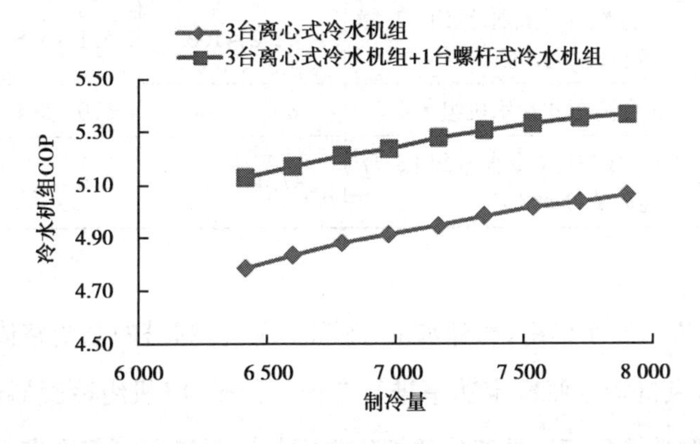

图 3.15　不同组合方案的冷水机组 COP(6 419 ~7 911 kW)

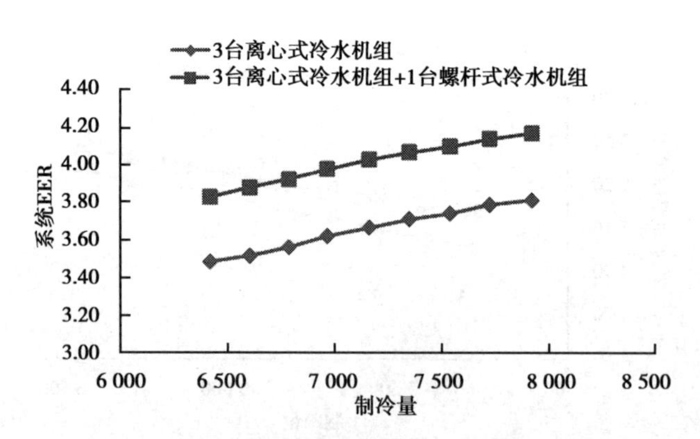

图 3.16　不同组合方案的系统 EER(6 419 ~ 7 911 kW)

主教学楼负荷在 0 ~ 8 900 kW 变化时,对应的开机优化组合策略如表 3.7 所示。

表 3.7　不同负荷区段的开机优化组合方式

负荷区段/kW	开机优化组合方式	机组负荷率/%	机组 COP	系统 EER
0 ~ 1 144	1 台螺杆式冷水机组	0 ~ 100	5.0 ~ 5.8	1.5 ~ 4.0
1 145 ~ 2 637	1 台离心式冷水机组	43.3 ~ 100	4.8 ~ 6.1	3.0 ~ 4.6
2 638 ~ 3 781	1 台螺杆式冷水机组+1 台离心式冷水机组	69.7 ~ 100	5.6 ~ 5.9	3.8 ~ 4.3
3 782 ~ 5 274	2 台离心式冷水机组	71.7 ~ 100	5.4 ~ 5.9	3.9 ~ 4.5
5 275 ~ 6 418	1 台螺杆式冷水机组+2 台离心式冷水机组	82.2 ~ 100	5.1 ~ 5.5	3.8 ~ 4.2
6 419 ~ 7 911	3 台离心式冷水机组	81.1 ~ 100	5.0 ~ 5.4	3.6 ~ 4.0
7 912 ~ 8 900	1 台螺杆式冷水机组+3 台离心式冷水机组	87.4 ~ 98.3	5.0 ~ 5.2	3.8 ~ 4.0

系统 EER 为冷水机组、冷却水泵、冷冻水泵、冷却塔的系统整体能效,其中水泵、冷却塔风机均按照额定功率进行考虑。另外,将机组冷凝器进水温度近似认为随主教学楼负荷线性变化的简化方式与实际情况可能会存在一定差异。在暑假期间,裙楼部分办公室空调系统处于关闭状态,整个主教学楼负荷率较低,而室外天气亦可能较为炎热,此时这种假设将会导致冷水机组和系统实际

运行能效偏小,但这种简化并不会影响各负荷区段的最优开机组合比较结果。因此,在部分负荷下,按照表3.7进行冷水机组优化搭配运行,可以提高部分负荷的系统能效,达到空调系统节能运行的目的。

3.3　本章小结

本章建立了空调系统的运行能耗模型,并模拟和分析了离心式、螺杆式冷水机组在变流量工况时的能耗变化规律。在此基础上,本章针对主教学楼冷源系统选型偏大的情况,提出了部分负荷工况优化开机组合运行策略,以达到提高部分负荷的系统能效的目的。

4　冷水系统节能运行策略

4.1　冷水系统的控制方式

由于主教学楼空调系统通常处于部分负荷运行,因此冷水系统的优化运行方案应该是在部分负荷率条件下,通过水泵变频器降低水泵转速以达到节能目的。冷冻水泵变频通常采取干管温差控制、干管压差控制及最不利末端压差控制等方式,如图4.1所示。

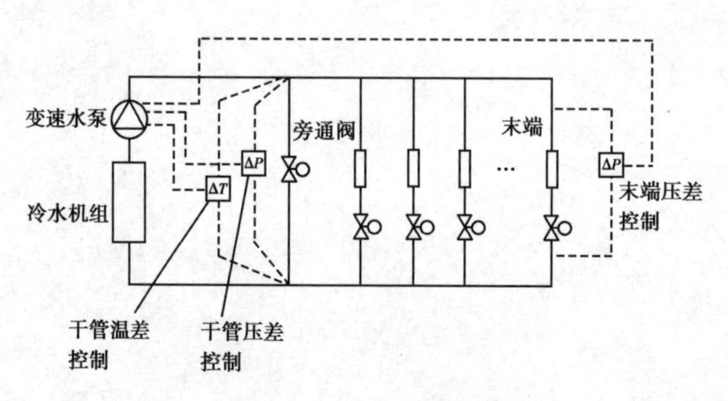

图4.1　冷冻水泵变频控制方式

干管温差控制的原理是在分集水器干管处设置温度传感器,实时监测供回水温度,中央控制站将实时温差与设定温差进行对比,若实时温差小于设定温差,说明末端负荷降低,此时将通过降低水泵频率以减小水泵转速达到节能的目的。反之,则提高水泵转速以增大流量。干管温差控制的优点在于系统较为简单，投资较低，适用于空调系统变流量节能改造或末端多装设电动二通阀且负荷变化较为一致的公共建筑中。但是，当不同功能房间负荷变化不一致时，干管温差控制容易产生水力失调，可能使水系统一些环路无法正常工作，同时，该控制方式存在一定的滞后性。通常温差设定值按照空调系统设计温差进行设置。

最不利末端压差控制是指通过在最不利末端设置电动调节阀和压差变送器，检测压差值并与设定压差值比较，当负荷减小时，末端电动二通阀的开度减小，压差增大，此时将通过降低水泵频率以减小水泵转速达到节能的目的。反之，则增大水泵转速，使最不利末端压差值稳定在设定压差值。最不利末端压差控制实时性好、反应迅速、各支路不易产生水力失调。但是该控制方式存在布线较长、施工不方便、确定最不利末端环路困难、末端必须安装电动二通调节阀等问题。采取最不利环路末端压差控制时，压差值的确定需同时满足水泵变频节能及末端水量充足的要求，过小可能出现末端欠流量，过大则不利于水泵的变频节能。通常可按照末端额定流量下压力损失加上电动调节阀的阻力损失确定该值。针对末端空调机组，其额定水阻为 3.5 mH_2O，电动调节阀全开时阻力为 0.5～1.0 mH_2O，因此，一般将最不利末端压差值设定为 5 mH_2O。

干管压差控制是指在机房分集水器处设置压差变送器，通过对实时干管压差值和设定压差值进行比较，控制水泵频率以改变转速，实现干管压差稳定。干管压差控制施工方便、控制实时性强、水力平衡性好，在实际工程中得到普遍应用，但该控制方式往往存在失效的情况。这是由于冷水系统干管压差控制时，常常按机组全开时干管最大压差进行压差值设定，导致部分负荷条件及部分机组运行时干管压差设定值偏高。压差设定值越高，在同一目标流量下所需的水泵转速越高，能耗也就越大。同时，压差设定值的大小还会直接影响末端水力稳定性，如果该值过小，则会造成末端流量减小、换热效果降低的不良影响。因此，对不同的负荷变化，应对应开启不同的冷水机组，并根据冷水机组开启台数的变化相应调整压差设定值，实行干管变压差控制，方能实现最大程度的运行节能。通过对夏季空调季节不同冷水机组开启台数条件的分集水器间压差与系统阻抗平均值、最大值进行实测,根据测试各日不同冷水机组开启台数条件下分集水器间平均压差值和最大压差值,结合安全运行的需要,确定不同负荷条件的干管压差设定值。

不同控制策略对整个冷水系统的水力平衡特性会产生不同的影响,其节能效果也不相同。主教学楼冷水系统分为两路,一路通往裙楼空调机组表冷器,空调机组出口装设电动二通阀,可以对水量进行调节,该部分水环路为异程式;另一路通往塔楼风机盘管,风机盘管出口装设电磁二通阀,只能进行通断控制,该部分水环路在水平、竖直方向上均为同程式,如图 4.2 所示。其中,旁通阀本身是通过改变阀门开度保持整个管网阻抗值稳定,达到恒定冷水机组流量的目的。主教学楼进行节能改造后,冷冻水泵 1、2、3 和 5 加装变频控制器,该阀门仅起冷水机组流量保护作用,平常保持关闭状态。

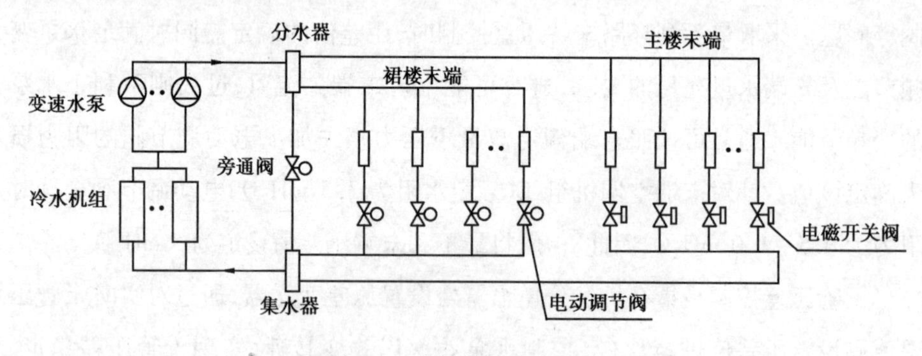

图 4.2　主教学楼冷水系统

4.2　各种控制方式的综合节能性

4.2.1　干管压差设定值

节能改造前,主教学楼空调系统分集水器处干管压差设定值为 20 mH_2O,用于控制压差旁通阀的开启。主教学楼空调季节负荷率较低,往往开启 1 台离心式冷水机组就可以满足需求,因此,该压差设定值较大,压差旁通阀始终处于关闭状态，没有发挥实际作用，导致水泵流量过大或过小。

节能改造后，冷冻水泵 1、2、3 和 5 加装变频控制器，压差旁通阀关闭。2010 年夏，主教学楼空调系统通常开启 1 台离心式冷水机组和相应的变频冷冻水泵，末端阻抗与分集水器压差测试数据如表 4.1 所示。

表 4.1　末端阻抗与分集水器压差测试数据

测试日期	室外平均温度/℃	冷冻水流量 /($m^3 \cdot h^{-1}$)	阻抗/× 10^{-5} $mH_2O \cdot (m^{-6} \cdot h^{-2})$	平均压差 /mH_2O	最高压差 /mH_2O
11/8	36	346	4.06	4.94	5.50
10/8	33	290	4.33	3.59	4.05
27/7	31	290	5.55	4.71	4.98
21/8	28	275	6.30	4.53	5.00
8/9	27	262	7.15	4.76	4.90
9/9	23	241	9.54	5.26	5.78

室外平均温度越高，冷冻水需求量越大，末端阻抗越小。空调季节分集水器平均压差维持在 4.5 ~5.5 mH_2O，最大压差均不高于 6 mH_2O。因此，为了安全运行的需要，只开启 1 台离心式冷水机组时，干管压差值可设定为 7 mH_2O。

当建筑负荷进一步增大，需开启 2 台离心式冷水机组时，部分空调末端开启，末端阻抗将小于表 3.8 中的测试值，此时末端平均阻抗近似认为 3.0×10^{-5} $mH_2O/(m^{-6} \cdot h^{-2})$，干管压差值为 12.6 mH_2O，因此，可将压差值设定为 13 mH_2O。

当建筑负荷继续增大，需开启 3 台离心式冷水机组时，空调末端开启率继续提高，末端总阻抗继续降低，此时末端平均阻抗近似认为降至 2.0×10^{-5} $mH_2O/(m^{-6} \cdot h^{-2})$，则干管压差值可设定为 18 mH_2O；开启 4 台离心式冷水机组时，末端所有阀门均达到最大开度，末端阻抗继续降低，按此情况确定的冷冻水泵扬程为 37 mH_2O，扣除机房侧阻力损失 15 mH_2O，其干管压差近似认为达到 22 mH_2O，此时的末端阻抗约为 1.5×10^{-5} $mH_2O/(m^{-6} \cdot h^{-2})$，因此，开启 2 台、3

台离心式冷水机组时末端阻抗设定值是合理的。不同负荷区段采用干管压差控制的压差设定值如表 4.2 所示。

表 4.2　干管压差控制的压差设定值

<table>
<tr><td colspan="2">冷负荷区段/kW</td><td>0 ~ 2 637</td><td>2 638 ~ 5 274</td><td>5 275 ~ 7 911</td><td>>7 911</td></tr>
<tr><td rowspan="2">设定值/mH_2O</td><td>定压差控制</td><td colspan="4">22</td></tr>
<tr><td>变压差控制</td><td>7</td><td>13</td><td>18</td><td>22</td></tr>
</table>

4.2.2　各种控制方式水泵能耗

根据主教学楼设计工况，最不利末端压差值设定为 5 mH_2O，温差设定为 7 ℃，计算冷冻水泵采取干管压差控制、最不利末端定压差控制及干管定温差控制时相对于定流量运行工况的节能率。由于主教学楼空调季节基本只开启 1 台离心式冷水机组，因此，将计算建筑冷负荷 1 164 ~ 2 637 kW 时不同控制方式的冷冻水泵能耗和节能率。

主教学楼空调冷水系统选取两种类型离心水泵。大水泵额定流量 346 m^3/h，扬程 38 mH_2O，轴功率 55 kW，额定转速 1 480 r/min；小水泵额定流量 138 m^3/h，扬程 37.5 mH_2O，轴功率 22 kW，额定转速 1 480 r/min。两种离心水泵扬程、功率及效率拟合曲线分别如图 4.3、图 4.4 所示。

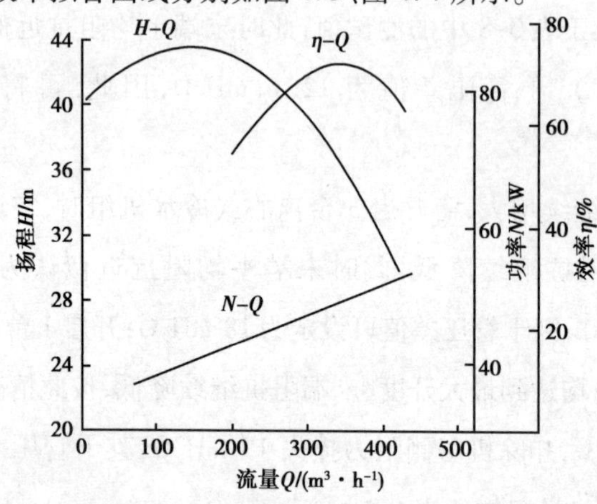

图 4.3　大水泵扬程、功率及效率拟合曲线

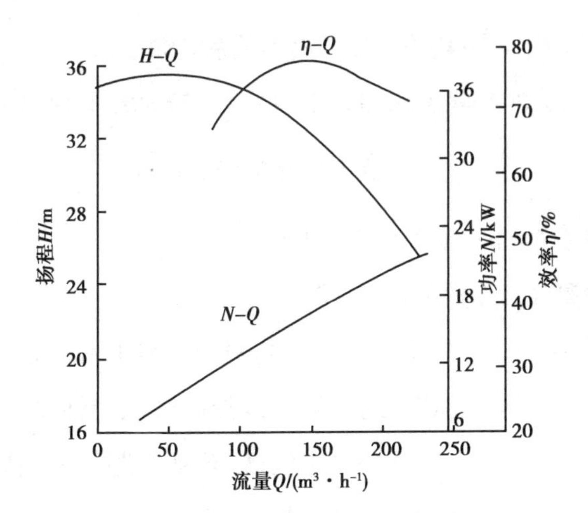

图 4.4 小水泵扬程、功率及效率拟合曲线

其中,大水泵在额定转速时的扬程-流量拟合模型关系式如下:

$$H = -0.000\,18Q^2 + 0.052\,1Q + 39.74 \tag{4.1}$$

大水泵在额定转速时的功率-流量拟合模型关系式如下:

$$N = -0.000\,002\,56Q^2 + 0.047\,34Q + 33.21 \tag{4.2}$$

大水泵在额定转速时的效率-流量拟合模型关系式如下:

$$\eta = -0.000\,001\,45Q^3 + 0.000\,445Q^2 + 0.207\,3Q + 6.555 \tag{4.3}$$

小水泵在额定转速时的扬程-流量拟合模型关系式如下:

$$H = -0.000\,315Q^2 + 0.022\,9Q + 34.72 \tag{4.4}$$

小水泵在额定转速时的功率-流量拟合模型关系式如下:

$$N = -0.000\,09Q^2 + 0.096\,43Q + 4.148 \tag{4.5}$$

小水泵在额定转速时的效率-流量拟合模型关系式如下:

$$\eta = -0.000\,008\,06Q^3 + 0.005\,3Q^2 + 1.044\,6Q + 12.47 \tag{4.6}$$

在冷却水定流量、冷冻水变流量工况下,对应离心式冷水机组耗功率拟合模型关系式如下:

$$N_{\mathrm{U}} = 144.491\,4 + 219.286\,1\overline{Q} - 9.092\,37t_{\mathrm{c}} + 87.569\,55\overline{Q}^2 + 0.326\,87t_{\mathrm{c}}^2 - 0.137\,06\overline{Q}t_{\mathrm{c}} \tag{4.7}$$

对应螺杆式冷水机组耗功率拟合模型关系式如下：

$$N'_{U} = 25.244\ 44 + 74.953\ 56\overline{Q} - 1.559\ 39t_{c} + 18.270\ 2\overline{Q}^{2} + 0.039\ 28t_{c}^{2} + 5.054\ 57\overline{Q}t_{c} \quad (4.8)$$

式中 $\overline{Q}$——冷冻水相对流量,60% ~100%；

t_{c}——冷凝器进水温度,20 ~32 ℃。

当建筑冷负荷为 1 164 ~2 637 kW 时,对应开启 1 台离心式冷水机组及相应的大水泵。根据现场测试数据,干管压差控制时,水泵控制曲线为:$H=\Delta P+0.000\ 175Q^{2}$,其中 ΔP 为干管压差设定值;最不利末端压差控制时,水泵控制曲线为:$H=5+0.000\ 189Q^{2}$;温差控制时,水泵控制曲线为:$H=0.000\ 22Q^{2}$。

为保证冷水机组的运行安全,设置水泵频率下限值为 30 Hz,流量下限值为冷水机组额定流量的 50%,即 226.8 m^{3}/h。水泵相应的电动机效率 η_{m} 及变频器效率 η_{VFD} 均随水泵的转速变化而改变。典型的电动机效率 η_{m} 回归模型关系式如下：

$$\eta_{m} = 0.941\ 87 \times (1 - e^{-9.04k}) \quad (4.9)$$

变频器效率 η_{VFD} 回归模型关系式如下：

$$\eta_{VFD} = 0.584\ 2k^{3} - 1.42k^{2} + 1.283k + 0.506\ 7 \quad (4.10)$$

电动机效率 η_{m} 及变频器效率 η_{VFD} 曲线如图 4.5 所示。该曲线适用于额定功率大于或等于 18.65 kW 的高效水泵,对主教学楼的水泵均适用。水泵变频后,即使水泵在额定转速下运行,也会因为变频器效率使水泵能耗略有增加。当比转速小于 0.4 时,变频器效率衰减较快,当比转速高于 0.5 时,电动机效率及变频器效率都大于 0.85。因此,为了使水泵高效运行,建议变频调速比控制在 0.5 以上。

采取不同控制策略时,水泵能耗计算如表 4.3—表 4.7 所示。

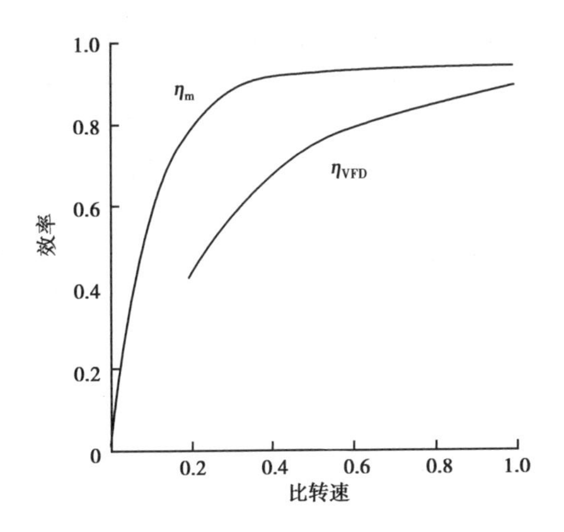

图 4.5 电动机及变频器效率曲线

表 4.3 干管压差控制(22 mH_2O)时水泵能耗

冷负荷/kW	1 200	1 600	2 000	2 150	2 300	2 450	2 600
时间统计/h	306	226	364	184	188	138	137
冷冻水量/($m^3 \cdot h^{-1}$)	226.8	226.8	246.0	264.5	282.9	301.4	319.8
系统扬程/mH_2O	31.00	31.00	32.59	34.24	36.01	37.89	39.90
水泵频率/Hz	43.5	43.5	45.3	46.5	47.8	49.4	50
水泵效率/%	65.6	65.6	67.2	66.0	68.9	69.7	70.4
电动机、变频器综合效率/%	87.8	87.8	88.2	88.7	89.1	89.6	89.8
水泵功率/kW	34.02	34.02	37.97	41.32	46.1	51.03	53.53
定流量水泵功率/kW	54.56	54.56	54.56	54.56	54.56	54.56	54.56
水泵节能率/%	37.6	37.6	30.4	24.3	15.5	6.5	1.9
水泵能耗/(kW·h)	10 410	7 689	13 821	7 603	8 667	7 042	7 334

表 4.4　干管压差控制（15 mH_2O）时水泵能耗

冷负荷/kW	1 200	1 600	2 000	2 150	2 300	2 450	2 600
时间统计/h	306	226	364	184	188	138	137
冷冻水量/($m^3 \cdot h^{-1}$)	226.8	226.8	246.0	264.5	282.9	301.4	319.8
系统扬程/mH_2O	24.00	24.00	25.59	27.24	29.01	30.89	32.90
水泵频率/Hz	38.9	38.9	40.5	42.2	43.8	45.5	47.3
水泵效率/%	68.6	68.6	69.4	70.9	71.3	71.6	72.6
电动机、变频器综合效率/%	86.6	86.6	87.0	87.5	87.9	88.4	88.9
水泵功率/kW	25.44	25.44	28.91	32.75	36.89	41.45	46.59
定流量水泵功率/kW	54.56	54.56	54.56	54.56	54.56	54.56	54.56
水泵节能率/%	53.4	53.4	47.0	40.0	32.4	24.0	14.6
水泵能耗/(kW·h)	7 785	5 749	10 523	6 026	6 935	5 720	6 383

表 4.5　干管压差控制（7 mH_2O）时水泵能耗

冷负荷/kW	1 200	1 600	2 000	2 150	2 300	2 450	2 600
时间统计/h	306	226	364	184	188	138	137
冷冻水量/($m^3 \cdot h^{-1}$)	226.8	226.8	246.0	264.5	282.9	301.4	319.8
系统扬程/mH_2O	16.00	16.00	17.59	19.24	21.01	22.89	24.90
水泵频率/Hz	33.2	33.2	35.1	37	38.9	40.8	42.8
水泵效率/%	69.6	69.6	70.6	71.5	70.3	71.2	70.6
电动机、变频器综合效率/%	84.8	84.8	85.5	86.1	86.6	87.1	87.6
水泵功率/kW	16.67	16.67	19.87	22.9	27.14	31.45	36.07
定流量水泵功率/kW	54.56	54.56	54.56	54.56	54.56	54.56	54.56
水泵节能率/%	69.4	69.4	63.6	58.0	50.3	42.4	33.9
水泵能耗/(kW·h)	5 101	3 767	7 233	4 214	5 102	4 340	4 942

表 4.6　末端压差控制(5 mH_2O)时水泵能耗

冷负荷/kW	1 200	1 600	2 000	2 150	2 300	2 450	2 600
时间统计/h	306	226	364	184	188	138	137
冷冻水量/($m^3 \cdot h^{-1}$)	226.8	226.8	246.0	264.5	282.9	301.4	319.8
系统扬程/mH_2O	14.72	14.72	16.44	18.22	20.13	22.16	24.33
水泵频率/Hz	32.1	32.1	34.3	36.1	38.2	40.2	42.4
水泵效率/%	67.9	67.9	70.4	71.2	70.1	71.5	69.8
电动机、变频器综合效率/%	84.4	84.4	85.2	85.8	86.4	87.0	87.5
水泵功率/kW	15.42	15.42	18.46	21.35	25.91	30.24	35.33
定流量水泵功率/kW	54.56	54.56	54.56	54.56	54.56	54.56	54.56
水泵节能率/%	71.7	71.7	66.2	60.9	52.5	44.6	35.2
水泵能耗/(kW·h)	4 719	3 485	6 719	3 928	4 871	4 173	4 840

表 4.7　干管温差控制时水泵能耗

冷负荷/kW	1 200	1 600	2 000	2 150	2 300	2 450	2 600
时间统计/h	306	226	364	184	188	138	137
冷冻水量/($m^3 \cdot h^{-1}$)	226.8	226.8	246.0	264.5	282.9	301.4	319.8
系统扬程/mH_2O	11.32	11.32	13.31	15.39	17.61	19.98	22.50
水泵频率/Hz	30.0	30.0	32.3	34.7	37.2	39.6	41.3
水泵效率/%	69.6	69.6	69.6	69.6	69.6	69.6	69.6
电动机、变频器综合效率/%	83.6	83.6	84.4	85.2	85.9	86.6	87.2
水泵功率/kW	13.11	13.11	16.22	19.91	24.14	28.92	33.05
定流量水泵功率/kW	54.56	54.56	54.56	54.56	54.56	54.56	54.56
水泵节能率/%	76.0	76.0	70.3	63.5	55.8	47.0	39.4
水泵能耗/(kW·h)	4 012	2 963	5 904	3 663	4 538	3 991	4 528

各种不同控制策略的水泵节能率范围对比如表 4.8 所示。

表 4.8 各种不同控制策略的水泵节能率范围对比

控制方式	系统扬程 /($m^3 \cdot h^{-1}$)	水泵频率/Hz	水泵功率/kW	节能率/%
干管压差控制 (22 mH_2O)	31.0 ~ 39.9	43.5 ~ 50	34.0 ~ 53.5	37.6 ~ 1.9
干管压差控制 (15 mH_2O)	24.0 ~ 32.9	38.9 ~ 47.3	25.4 ~ 46.6	53.4 ~ 14.6
干管压差控制 (7 mH_2O)	16.0 ~ 24.9	33.2 ~ 42.8	16.7 ~ 36.1	69.4 ~ 33.9
末端压差控制 (5 mH_2O)	14.7 ~ 24.3	32.1 ~ 42.4	15.4 ~ 35.3	71.7 ~ 35.2
干管温差控制	11.3 ~ 22.5	30.0 ~ 41.3	13.1 ~ 33.1	76.0 ~ 39.4

由表 4.8 可知,不同控制策略的节能率中,干管温差控制最高,其次为末端压差控制,干管压差控制最低。其中,干管压差设定值越高,水泵变频运行节能效果越差。采用干管压差控制(压差设定 22 mH_2O)时,冷冻水泵所需的扬程最高,变频频率及水泵耗功率也最高,节能率最低。

4.2.3 各种控制方式系统综合能耗

根据离心式冷水机组在冷凝器进水温度 30 ℃,冷却水定流量条件下的冷冻水变流量前后能效测试数据,得到冷冻水变流量前后的冷水机组能耗,如表 4.9 所示。

表 4.9 冷冻水变流量前后的冷水机组能耗

冷负荷/kW		1 200	1 600	2 000	2 150	2 300	2 450	2 600
时间统计/h		306	226	364	184	188	138	137
变流量前	离心式冷水机组 COP	4.25	4.79	5.29	5.43	5.56	5.61	5.58
	离心式冷水机组能耗/(kW·h)	86 400	75 491	137 618	72 855	77 770	60 267	63 835

续表

变流量后	离心式冷水机组负荷率	0.46	0.61	0.76	0.82	0.87	0.93	0.99
	离心式冷水机组 COP	4.20	4.74	5.25	5.39	5.53	5.59	5.56
	离心式冷水机组能耗/(kW·h)	87 429	76 287	138 667	73 395	78 192	60 483	64 065

考虑冷冻水变流量对机组性能的影响,得到各种冷冻水变流量控制策略的系统综合节能率,如表 4.10 所示。

表 4.10 各种冷冻水变流量控制策略的系统综合节能率

控制策略	定流量	温　差	末端压差控制($5\ mH_2O$)	干管压差控制($7\ mH_2O$)	干管压差控制($15\ mH_2O$)	干管压差控制($22\ mH_2O$)
机组能耗/(kW·h)	574 236	578 517	578 517	578 517	578 517	578 517
水泵能耗/(kW·h)	84 186	29 599	32 736	34 699	49 122	62 565
节能量/(kW·h)	0	50 306	47 169	45 206	30 783	17 340
综合节能率/%	0	59.8	56.0	53.7	36.6	20.6

冷冻水泵采用干管温差控制、末端压差控制和干管压差控制 3 种不同控制策略具有不同的适用性和节能效果。其中,干管温差控制适用于整幢建筑各房间负荷变化规律较为一致的项目,具有布线简单、控制方便、节能率高等优点,尤其适用于节能改造工程,但当不同功能房间负荷变化不一致时,干管温差控制容易产生水力失调,可能使水系统一些环路无法正常工作;最不利末端定压差控制适用于末端水管上配有电动调节阀的项目,节能效果优于干管压差控制,但稍逊于干管温差控制,末端水力稳定性较好,但布线距离较长,初投资较

高,多应用于新建的高档建筑;干管压差控制水力稳定性最好,末端基本不会发生欠流量,具有布线简单、控制实时性强的优点,其在工程中的应用也较为常见,但该策略的水泵能耗最高,节能性较差。实际操作过程中,应该对不同的负荷变化,对应开启不同机组台数,并根据机组开启台数的变化相应调整压差设定值,实行干管变压差控制,方能实现最大程度的运行节能。

4.2.4 冷水系统节能运行策略

2010 年主教学楼空调季节分集水器的干管温差和压差变化情况如表 4.11 所示。

表 4.11 分集水器的干管温差和压差变化范围

测试日期	7 月 30 日	8 月 10 日	8 月 11 日	8 月 16 日	8 月 22 日
机组负荷率/%	45.2 ~ 68.5	51.1 ~ 80.2	50.1 ~ 86.2	51.5 ~ 87.4	33.4 ~ 64.3
温差变化范围/℃	4.1 ~ 6.2	4.1 ~ 7.1	3.8 ~ 6.2	3.6 ~ 6.5	3.2 ~ 5.9
温差变化相对幅度/%	51	73	63	81	84
压差变化范围/mH_2O	2.6 ~ 3.1	4.1 ~ 5.3	4.7 ~ 5.5	3.3 ~ 4.3	4.4 ~ 5.0
压差变化相对幅度/%	19	29	17	30	14

随着冷水机组负荷率的变化,干管供回水温差也存在较大幅度的改变,而干管压差值变化相对较小,即干管压差对建筑负荷变化反应不敏感。这是因为办公室内风机盘管水阀的开启率在一天之内比较稳定,末端阻抗变化较小。在冷冻水量恒定的情况下,干管压差值也较为稳定。冷水系统每路均设置水力平衡阀,主楼竖向及各层水平方向均为同程式设计,因此,采取温差控制具有较高的可靠性。

对于最不利末端压差控制,由于主教学楼、裙楼末端均装有电动二通调节阀,且实际运行过程中故障率较高。为了运行安全,电动调节阀基本上被旁通,无法有效地进行水量调节;同时,末端压差控制方式布线较长、造价较高、施工困难,因此在实际工程中应用较少。

因此,实际高校主楼干管温差对空调负荷的敏感程度往往高于干管压差,冷水系统节能运行策略推荐采用干管温差控制。

4.3　冷水泵并联运行策略

4.3.1　冷水泵定变组合(或大小搭配)运行工况

由于主教学楼空调系统设备选型存在较大余量,因此,在多台冷水泵并联运行时,存在定变组合、大小搭配、同步变频等多种组合方案。主教学楼根据“3大1小”的冷水机组搭配方式,对应选择“3大1小”的冷水泵组合方式,且冷水机组和冷水泵采取“先并联后串联”的连接方式。在节能改造时,对其中3台大水泵及1台小水泵进行了变频改造。因此,在开启多台冷水机组时,冷水泵可以是定变组合、大小搭配或者同步变速等。

定变组合(或大小搭配)时的运行工况如图4.6所示。曲线Ⅰ为单台定频泵在额定转速 n_0 下的性能曲线,Ⅱ为改变转速 n_1 时的性能曲线(或小泵性能曲线),Ⅰ+Ⅰ为额定工况下两台泵并联运行时性能曲线,Ⅰ+Ⅱ为定变组合(或大小搭配)时的性能曲线。

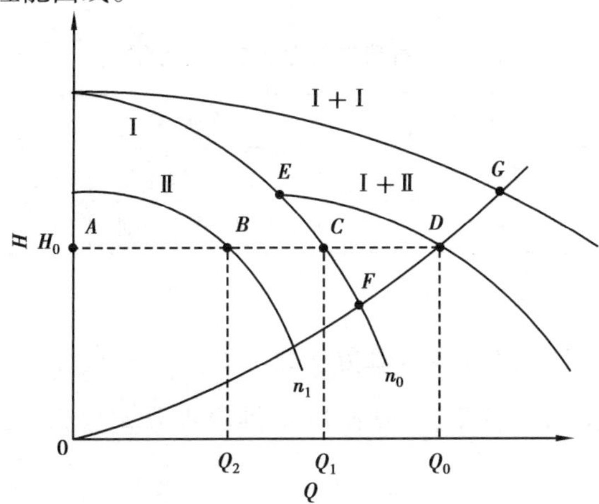

图4.6　水泵定变组合(大小搭配)时的运行工况

水泵定变组合运行时，按照定温差控制方式，假设系统阻抗不变，运行工况如曲线Ⅰ+Ⅱ所示。系统流量由 Q_D 降至 Q_F，定速泵流量增加，变速泵转速降低，流量减小。当系统流量降至 Q_F 时，变频泵流量为 0，当系统流量继续降低时，变频泵所能提供的扬程将小于系统阻力，导致其不能为系统提供流量，此时变速泵运行进入死点区，理论上将有水流倒流通过变频泵的可能，但水泵出口止回阀可以防止回流，水泵将产生绕流，水温不断升高，有导致汽蚀甚至损坏水泵的危险。因此，水泵定变组合的流量调节范围为 $[Q_F, Q_D]$。如果考虑水泵变频后效率降低的影响，当变频后最低允许转速大于 n_1 时，其并联运行流量调节下限点将高于 Q_F，流量调节范围将变窄。

水泵大小搭配运行时，运行工况如Ⅰ+Ⅱ所示。Ⅱ为小水泵额定转速时的性能曲线，其系统流量调节范围为 $[Q_F, Q_D]$。当系统流量小于 Q_F 时，为避免产生汽蚀危险，应及时关闭小水泵，单独运行大水泵。

4.3.2 冷水泵不同组合方案

主教学楼空调系统负荷在 2 637 ~3 781 kW 变化，对应开启“1 台离心式冷水机组+1 台螺杆式冷水机组”，存在 5 种典型的冷水泵组合方案，如表 4.12 所示。

表 4.12 5 种典型的冷水泵组合方案

方案 1	方案 2	方案 3	方案 4	方案 5
2 台大泵	2 台大泵	1 台大泵+1 台小泵	1 台大泵+1 台小泵	1 台大泵+1 台小泵
同步调速	1 定 1 变	同步调速	大泵定速，小泵变速	大泵变速，小泵定速

其中，方案 2、方案 4、方案 5 计算方法如下：

①在部分负荷运行条件下，根据冷冻水供回水温差得到系统所需的总流量 Q_0。

②根据冷水管网特性及不同的水泵变频控制方式得出相应的系统阻力，即

并联水泵的扬程 H_0。

③将 H_0 代入 n 台定频泵并联运行的性能曲线方程，即可求得定频泵的总流量 Q_1 及单台定频泵流量 Q_1/n，进而求出单台定频泵轴功率 N_1。

④变频泵的台数为 m，变频泵总流量为 Q_0-Q_1，单台变频泵的流量为 $(Q_0-Q_1)/m$，单台变频泵扬程为 H_0，得到调速比 k，即可计算得到变频泵相应的轴功率 N_2。

⑤冷水泵总轴功率为 N_1+N_2。

当建筑负荷在 2 637 ~ 3 781 kW 变化时，按 7 ℃设计温差计算，系统所需冷冻水流量为 324 ~ 465 m^3/h。不同冷水泵组合方案的流量调节范围及能耗均存在差异。下面分别以系统目标流量为 340 m^3/h，370 m^3/h，410 m^3/h 为例，计算对比不同组合方案的水泵能耗情况。

当开启"1 台离心式冷水机组+1 台螺杆式冷水机组"时，现场测试得到机房侧总阻抗为 5.50×10^{-5} $mH_2O/(m^6\cdot h^2)$。当采取干管压差控制方式时，以压差设定值为 13 mH_2O 为例，此时水泵控制曲线即为 $H=13+0.000\ 055Q^2$；系统在目标流量 340 m^3/h，370 m^3/h，410 m^3/h 时所需扬程分别为 19.4 mH_2O，20.5 mH_2O，22.3 mH_2O。

但是，该计算方法不适用于方案 1、方案 3 的能耗计算。对于方案 3，当系统流量为 340 m^3/h 时，变速后的大水泵和小水泵性能曲线如下：

$$H_1 = -0.000\ 18\ Q_1^2 + 0.052\ 1\ k\ Q_1 + 39.74\ k^2 \tag{4.11}$$

$$H_2 = -0.000\ 315\ Q_2^2 + 0.029\ 9\ k\ Q_2 + 34.72\ k^2 \tag{4.12}$$

当系统总流量为 340 m^3/h，扬程为 19.4 mH_2O 时，表达式如下：

$$Q_1 + Q_2 = 340 \tag{4.13}$$

$$H_1 = H_2 = 19.4 \tag{4.14}$$

联立方程得到 $k=0.74$，$Q_1=272$ m^3/h，$Q_2=68$ m^3/h。

4.3.3　水泵不同组合方案能耗

当冷水系统目标流量为 340 m^3/h 时，5 种水泵变频搭配组合方案的能耗计算结果如表 4.13 所示。

表 4.13　冷水系统目标流量 340 m^3/h 时水泵组合运行能耗

方　案	方案 1	方案 2	方案 3		方案 4	方案 5	
			大水泵	小水泵		小水泵	大水泵
调速比	0.68	1	0.74	0.74	1	1	0.67
频率/Hz	35	50	37	37	50	50	33.5
转速/($r \cdot min^{-1}$)	1 006	1 480	1 095	1 095	1 480	1 480	992
流量/($m^3 \cdot h^{-1}$)	170	340	272	68	340	273	67
单台轴功率/kW	14.11	49.01	20.37	4.96	49.01	23.77	11.41
水泵自身效率/%	64	69	69	73	69	62	32
电动机、变频器综合效率/%	85	94	86	86	94	94	85
单台总功率/kW	16.60	52.14	23.69	5.77	52.14	25.29	13.42
总输入功率/kW	33.20	52.14	29.46		52.14	38.71	

方案 2 及方案 4 在目标流量 340 m^3/h 时，均只需开启 1 台大定频泵，变频泵所需提供的流量为 0，此时，单独采用 1 台大水泵定频运行并对其节流调节即可满足系统所需的流量和扬程。当采用方案 5 时，可以看出大水泵流量较小，运行效率仅为 32%。采用水泵部分定速部分变速的方案 2、方案 4、方案 5 时，各自的总能耗均高于采取全部同步调速时的方案 1 和方案 3。对于同步调速的方案 1 和方案 3，当采用“1 台大水泵+1 台小水泵”同步调速时，其总能耗又低于同时采用 2 台大水泵进行同步调速。

当冷水系统目标流量为 370 m^3/h，410 m^3/h 时，系统扬程分别为 20.5 mH_2O，22.3 mH_2O，5 种水泵变频搭配组合方案的能耗计算结果如表 4.14 和表 4.15 所示。

表 4.14 系统目标流量 370 m^3/h 时水泵组合运行能耗

方　案	方案 1	方案 2	方案 3		方案 4	方案 5	
			大水泵	小水泵		小水泵	大水泵
调速比	0.71	1	0.77	0.77	1	1	0.69
频率/Hz	35.5	50	38.5	38.5	50	50	34.5
转速/(r·min^{-1})	1 051	1 480	1 140	1 140	1 480	1 480	1 021
流量/(m^3·h^{-1})	185	370	287	83	370	265	105
单台轴功率/kW	16.24	50.38	23.06	6.16	50.38	23.38	13.26
水泵自身效率/%	66	67	70	76	67	63	45
电动机、变频器综合效率/%	86	94	86	86	94	94	85
单台总功率/kW	18.88	53.60	26.81	7.16	53.60	24.87	15.60
总输入功率/kW	37.76	53.60	33.97		53.60	40.47	

表 4.15 系统目标流量 410 m^3/h 时水泵组合运行能耗

方　案	方案 1	方案 2	方案 3		方案 4	方案 5	
			大水泵	小水泵		小水泵	大水泵
调速比	0.74	1	0.81	0.81	1	1	0.72
频率/Hz	37	50	40.5	40.5	50	50	1 066
转速/(r·min^{-1})	1 095	1 480	1 199	1 199	1 480	1 480	992
流量/(m^3·h^{-1})	205	410	309	101	410	252	158
单台轴功率/kW	18.69	52.19	27.05	7.85	52.19	22.73	17.23
水泵自身效率/%	67	64	69	78	64	68	53
电动机、变频器综合效率/%	86	94	87	87	94	94	85
单台总功率/kW	21.73	55.52	31.09	9.02	55.52	24.18	19.09
总输入功率/kW	43.46	55.52	40.11		55.52	43.27	

当采用大小水泵搭配、同步变速的方案3时,水泵运行总能耗总是最低;采用定、变组合的方案2和方案4时,变频泵不能进行有效调节,此种组合方案的流量调节范围较窄,运行能耗也最高。

因此,当采用"1台定频+1台变频"的水泵搭配运行时,其总能耗均高于2台水泵同时变频的能耗,且定变组合的流量调节范围较小,变频泵运行效率较低,容易进入死点区,造成安全隐患。因此,在变流量系统中,推荐采用水泵全部变速的策略。冷水机组"1大1小"搭配运行时,冷冻水泵采取"1大1小"同步调速时的运行能耗要小于采取"2台大水泵"同步调速运行时的能耗。因此,对于多台不同型号的冷水机组联合运行情况,建议其冷水系统选择不同型号的水泵进行同步变速运行。

4.4 本章小结

本章根据建立的冷水机组及冷冻水泵的运行综合能耗模型,并针对高校主楼常常在部分负荷下运行,设备选型存在较大余量的情况,通过研究提出了其冷水系统的优化运行策略。

①采取干管温差控制时冷水系统相对于定流量的节能率高达59.8%,末端压差控制其次,干管压差控制最低。其中,对冷水系统实施干管变压差控制时,应根据负荷率确定冷水机组的开启台数,并根据冷水机组台数的变化相应调整压差设定值,其节能率随压差设定值增大而迅速降低。实验研究表明,实际高校主楼干管温差对空调负荷的敏感程度往往高于干管压差,冷水系统节能运行策略推荐采用干管温差控制。

②冷水系统采用"1台定频+1台变频"的水泵搭配运行时,其总能耗均高于2台水泵同时变频的能耗。在变流量冷水系统中,推荐采用水泵全部变速的方案。

③冷水机组"1大1小"搭配运行时,冷水泵采取"1大1小"同步调速时的

运行能耗要小于采取“2 台大泵”同步调速运行时的能耗。对于多台不同型号的冷水机组联合运行情况,建议其冷水系统选择不同型号的水泵进行同步变速运行。

5　冷却水系统节能运行策略

5.1　冷却塔能耗特性研究

5.1.1　横流式冷却塔理论热工模型

目前关于冷却水系统变流量运行的问题存在较多争议，这是因为冷却水流量的变化对冷水机组性能的影响总是大于冷冻水系统。本书对冷水机组变流量性能变化规律分析后也发现，冷却水系统相对于冷水系统更不适用于变流量运行。

冷却水系统是否适用于变流量运行，应综合考虑冷水机组、冷却水泵及冷却塔三者能耗相互影响和相互制约的关系，孤立地研究冷却水泵和冷却塔都会与实际情况相悖。

影响冷却塔能耗的因素包括冷却塔进水温度、冷却塔水流量、进塔风量和室外湿球温度等。当冷却水泵定流量运行时，冷却塔运行方案应该综合考虑影响冷却塔效率的因素，以最大程度利用冷却塔换热面积，降低冷却水系统运行能耗。

主教学楼配备“3 大 1 小”冷却塔，置于裙楼楼顶，现场布置方式如图 5.1 所示。冷却塔采用横流式，塔中水气成交叉流动，水从上淋下，空气从水平方向流入。

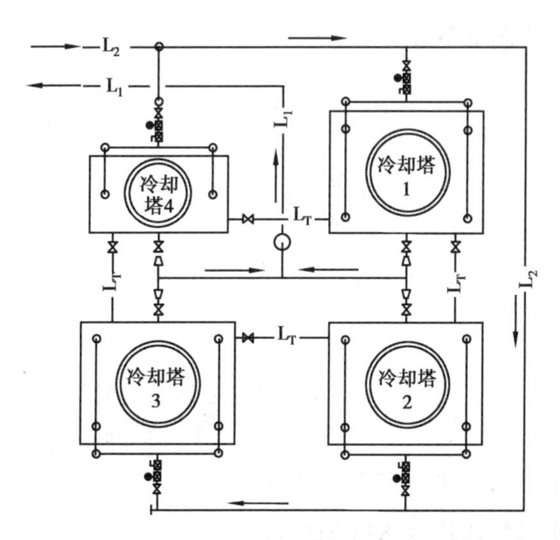

图 5.1　冷却塔的布置方式

冷却塔出水温度受冷却塔进水温度 t_i、室外湿球温度 t_w、冷却塔水流量 Q 及冷却塔风量 G 等的影响，是冷却水系统重要的运行参数。横流式冷却塔中的水气成交叉流动，淋水密度为 q，水温为 t_1，空气从水平方向流入，质量风速为 g，进气比焓为 i_1。横流式冷却塔中水与空气二维运动，水在下落过程中温度不断降低，降低程度与水平方向不同；空气比焓沿程增大，在垂直方向亦不相同，空气比焓在上下各点也不相同。因此，其计算方法与逆流式一维换热方式存在较大差异，下面将根据冷却塔传热模型，针对横流式冷却塔出水温度的理论计算进行推导。

冷却塔填料特性会随着时间发生改变，通常用容积散质系数 $\beta_{\chi v}$ 衡量其散热性能，具体表达式如下：

$$\beta_{\chi v} = Aw_g^m q^n \tag{5.1}$$

式中　$\beta_{\chi v}$——容积散质系数，kg/(m^3 · h)；

w_g——进口处空气质量风速，kg/(m^2 · h)；

q——淋水密度,kg/(m^2·h)。

矩形横流塔传热基本方程如下：

$$cq\frac{\partial t}{\partial y}=-\beta_{\chi v}(i''-i) \tag{5.2}$$

$$g\frac{\partial i}{\partial x}=\beta_{\chi v}(i''-i) \tag{5.3}$$

其中,$y=0$ 时,$i''=i''_1$;$x=0$ 时,$i=i_1$,1 表示冷却塔进水和空气进口。

空气焓值计算式如下：

$$i=C_g\theta+0.622\times\frac{(r_0+c_q\theta)\times\varphi P''_\theta}{P_0-\varphi P''_\theta} \tag{5.4}$$

式中 C_g——干空气比热,1.005 kJ/kg;

C_q——水蒸气比热,1.842 kJ/kg;

r_0——0 ℃水汽化热,2 500.8 kJ/kg;

θ——空气干球温度,℃;

φ——相对湿度;

P''_θ——θ ℃饱和水蒸气分压力,kPa;

P_0——进塔空气大气压,kPa。

饱和空气焓与水温的近似关系式用直线关系表示如下：

$$i''=A+Bt \tag{5.5}$$

将式(5.5)代入式(5.2)中,得到如下关系式：

$$\frac{cq}{B\beta_{\chi v}}\frac{\partial i''}{\partial y}=-(i''-i) \tag{5.6}$$

同理,式(5.3)变化如下：

$$\frac{g}{\beta_{\chi v}}\frac{\partial i}{\partial x}=(i''-i) \tag{5.7}$$

令 $\alpha=\frac{B\beta_{\chi v}H}{cq}$,$\beta=\frac{\beta_{\chi v}L}{g}$,$\varepsilon=\frac{i-i_1}{i''_1-i_1}$,$\eta=\frac{i''-i_1}{i''_1-i_1}$,$y=\frac{Y}{H}$,$x=\frac{X}{L}$,式(5.6)、(5.7)变化如下：

$$\frac{1}{\alpha}\frac{\partial \eta}{\partial y} = \varepsilon - \eta \tag{5.8}$$

$$\frac{1}{\beta}\frac{\partial \varepsilon}{\partial x} = \eta - \varepsilon \tag{5.9}$$

其中，$x=0$ 时，$\varepsilon=0$；$y=0$ 时，$\eta=0$。

矩形冷却塔塔出口平均水温计算式如下：

$$\eta_m = \varphi_0 + \varphi_1 + \varphi_2 + \dots \tag{5.10}$$

式中，

$$\varphi_0 = e^{-\alpha} \tag{5.11}$$

$$\begin{aligned} \varphi_n = \frac{1}{n!}\alpha^n e^{-\alpha}\Big\{ & 1 - \frac{1}{\beta}(1 - e^{-\beta}) - \frac{1}{\beta}[1 - (1+\beta)e^{-\beta}] - \\ & \frac{1}{\beta}\left[1 - \left(1 + \beta + \frac{1}{2}\beta^2\right)e^{-\beta}\right] - \dots - \\ & \frac{1}{\beta}\left[1 - \left(1 + \beta + \frac{1}{2!}\beta^2 + \frac{1}{(n-1)!}\beta^{n-1}e^{-\beta}\right)\right] \end{aligned} \tag{5.12}$$

其中，$\alpha=\frac{B\beta_{\chi v}H}{cq}$，$\beta=\frac{\beta_{\chi v}L}{g}$（$H$——填料高度，$L$——填料深度）。

对于既定的填料，其容积散质系数 $\beta_{\chi v}$ 随着淋水装置的构造形式、尺寸和流动介质的物理性质及其速度等的变化而改变。在实际运行过程中，必须通过实验确定。式（5.1）中系数 A、m、n 对不同形式和尺寸的淋水装置都是不同的，因此，应通过实测数据推求相应系数。

在 N 组实测数据中，选取 $\beta_{\chi v}$，分别为 $\beta_{\chi v1}, \beta_{\chi v2}, \beta_{\chi v3}, \dots, \beta_{\chi vN}$，对应 w_g、q，分别为 $w_{g1}, w_{g2}, w_{g3}, \dots, w_{gN}$；$q_1, q_2, q_3, \dots, q_N$，并假设 $\beta_{\chi v}=f(w_g, q)$ 为实测得到的最佳近似表达式，那么由实测得到的 $\beta_{\chi v}$ 数列离差平方和的数学期望为最小，即 $E=\sum_{i=1}^{N}[\beta_{\chi vi} - f(w_{gi}, q_i)]$ 最小。

对式（5.1）两边取对数，即 $\lg \overline{\beta_{\chi v}} = \lg A + m\lg w_g + n\lg q$。

令 $\lg \overline{\beta_{\chi v}} = z$，$\lg A = a$，$\lg w_g = x$，$\lg q = y$；即 $\overline{z} = a + mx + ny$。

对应 $E = \sum_{i=1}^{N} [\beta_{\chi vi} - f(w_{gi}, q_i)]$ 为 $E' = \sum (z - \bar{z})^2$。

$E' = \sum (z - \bar{z})^2$ 取值最小，则应满足的公式如下：

$$\frac{\partial E'}{\partial a} = -2\sum (z - a - mx - ny) = 0 \tag{5.13}$$

$$\frac{\partial E'}{\partial m} = -2\sum (z - a - mx - ny) = 0 \tag{5.14}$$

$$\frac{\partial E'}{\partial n} = -2\sum (z - a - mx - ny) = 0 \tag{5.15}$$

即

$$\sum z = Na + m\sum x + n\sum y \tag{5.16}$$

$$\sum zx = \sum ax + m\sum x^2 + n\sum xy \tag{5.17}$$

$$\sum zy = \sum ay + m\sum xy + n\sum y^2 \tag{5.18}$$

根据以上办法得到系数 A、m、n，然而这种算法是以麦克尔理论计算公式为前提的，与实测值往往存在一定的误差。

在主教学楼的横流式冷却塔中，水和空气在二维空间运动，不能用常用的计算逆流式冷却塔冷却数的方法对横流式冷却塔进行冷却数计算，需要先计算 $\beta_{\chi v}$，再计算冷却数。冷却数、气水比、$\beta_{\chi v}$ 3 者之间的关系：

$$N = A\lambda^{m} = \frac{\beta_{\chi v} V}{Q} \tag{5.19}$$

式中 V——淋水装置有效容积，m^3；

Q——冷却塔水量，m^3/h；

λ——气水比。

对于每个实测的 $\beta_{\chi v}$ 对应存在一组 N 和 λ，同样，通过求 $\beta_{\chi v}$ 的最小二乘方法可以得到系数 A、m，由此可以得到冷却塔热力特性的两个重要表征参数 $\beta_{\chi v}$ 和 N。

5.1.2 冷却塔出水温度统计回归模型

冷却塔出水温度受冷却塔进水温度 t_i、室外湿球温度 t_w、冷却塔水流量 Q 及冷却塔风量 G 等的影响。为分析各因素对冷却塔出水温度的影响程度,2010 年 7 月 22 日对空调系统的冷却塔运行参数进行现场测试,得到室外湿球温度变化对冷却塔出水温度的影响变化规律,如表 5.1 所示。

表 5.1 室外湿球温度与冷却塔出水温度的关系

室外温度/℃	室外湿度/%	湿球温度/℃	进水温度/℃	出水温度/℃	理论出水温度/℃
32.30	63.00	26.37	33.13	29.93	29.58
32.58	62.20	26.48	33.13	29.98	29.62
33.27	60.11	26.69	33.13	30.09	29.71
34.03	57.90	26.94	33.13	30.18	29.82
34.17	58.80	27.23	33.13	30.37	29.94

测试时,冷却塔风量、冷却水流量和冷却塔进水温度不变,冷却塔出水温度将随着湿球温度的升高而升高,且升高比例基本一致。实测的出水温度较理论值偏高,最大偏差达到 1.42%,说明冷却塔实际换热性能有所降低。

根据空调系统的冷却塔运行参数进行现场测试数据,得到室外湿球温度及冷却塔进水温度变化对出水温度的影响变化规律,如表 5.2 所示。

表 5.2 室外湿球温度、冷却塔进水温度与出水温度的关系

室外温度/℃	室外湿度/%	湿球温度/℃	进水温度/℃	出水温度/℃	理论出水温度/℃
28.57	81.30	25.94	30.27	28.96	28.52
29.05	79.98	26.20	30.50	29.52	28.69
29.33	78.27	26.20	31.32	30.58	28.93
29.95	76.02	26.74	31.51	30.74	29.08
29.63	76.22	26.17	31.59	30.90	28.99

续表

室外温度/℃	室外湿度/%	湿球温度/℃	进水温度/℃	出水温度/℃	理论出水温度/℃
29.83	74.68	26.11	31.61	30.85	28.97
30.15	74.12	26.31	31.33	30.81	28.98

测试时,冷却塔水流量为412 m^3/h,风机频率为50 Hz。冷却塔出水温度受冷却塔进水温度和室外湿球温度的共同影响,冷却塔进出水温差为0.5~1.3 ℃,冷却塔出水温度比室外湿球温度高3~4 ℃。因此,冷却塔风量和水量一定时,由于室外湿球温度与冷却塔换热特性的限制,冷却塔出水温度下限值将受到影响。此时只有增加冷却塔换热面积,增加冷却塔运行台数,才能使冷却塔出水温度进一步降低。同时,实测的出水温度同样较理论值偏高,最大偏差达到6.34%,说明冷却塔实际换热性能有所降低。

根据实际测试参数,将冷却塔出水温度作为因变量,其他4个因素作为自变量,进行线性回归,找出各变量的相关性。相关性分析是指对两个或多个具备相关性的变量元素进行分析,从而衡量两个变量因素的相关密切程度。对主教学楼空调系统冷却塔室外湿球温度、冷却塔出水温度、进水温度、水流量及风量5个变量进行现场实测,各线性回归因子取值范围如表5.3所示。

表5.3　线性回归因子取值范围

变　量	因　子	范　围	单　位
因变量	出水温度	27~32.9	℃
自变量	进水温度	27.7~39	℃
	室外湿球温度	24.4~27.4	℃
	水流量	225~712	m^3/h
	风量	73.6~122.8	kg/s

利用 SPSS 统计软件,采用线性回归的方法可以得出各自变量因子与冷却塔出水温度的相关性,如表 5.4、表 5.5 所示。

表 5.4　相关系数

模　型	未标准化系数 B	标准误差	T 检验值	P
Constant	0.331	1.665	0.199	0.843
进水温度	0.552	0.077	13.197	0.000
室外湿球温度	0.483	0.004	6.262	0.001
水流量	0.001	0.042	3.243	0.000
风量	-0.013	0.000	-3.307	0.001

表 5.5　因子相关性

因　子	出水温度	进水温度	室外湿球温度	水流量	风　量
出水温度	1.000	0.757	0.629	0.310	0.121
进水温度	0.757	1.000	0.439	0.033	0.146
室外湿球温度	0.629	0.439	1.000	0.447	0.447
水流量	0.310	0.033	0.447	1.000	0.151
风量	0.121	0.146	0.447	0.151	1.000

通过统计分析得到冷却塔出水温度的多元线性回归模型关系式如下:

$$t_o = 0.33 + 0.55t_i + 0.43t_s + 0.001Q - 0.013G + \varepsilon \tag{5.20}$$

其中,ε 为统计回归模型误差,式(5.20)$R^2=0.841$。

对冷却塔出水温度影响程度的顺序依次为:冷却塔进水温度>室外湿球温度>冷却塔水流量>冷却塔风量。冷却塔风量对冷却塔出水温度影响程度最小,通过现场实测可以看出,由于塔内污垢较多,水量分布不均匀,在填料层内部分区域比较集中,使冷却塔气水比减小。因此,在实际运行中应加强冷却塔的日常清洗维护,保证冷却塔进水流量的分布均匀,这样才能更有效地利用冷却塔的换热面积,使在相对较小的风量时,能达到同样的冷却效果,并达到降低冷却塔运行能耗的目的。

5.1.3 冷却塔性能理论影响因素分析

前文通过实测数据对冷却塔的影响因素进行了分析,以下将基于理论的横流式冷却塔平均出水温度的计算方法对冷却塔性能影响因素进行分析,采用正交试验的方法,以得到各自变量因子对冷却塔出水温度的影响程度。在正交试验中欲考察的因素称为因子;每个因子在考察范围内分成若干等级,称为水平。

冷却塔出水温度受进水温度、水流量、风量和室外湿球温度的影响,为了挑选出次数较少而又具有代表性的组合条件,各因子取等水平数为3,不考虑交互作用,各因子随机安排,正交试验安排及水平取值如表5.6和表5.7所示。

表5.6 正交模拟安排 $L_{18}(3^4)$

试验号	进水温度	水流量	风　量	室外湿球温度
	A	*B*	*C*	*D*
1	1	3	2	2
2	1	1	1	3
3	1	2	3	1
4	2	3	2	2
5	2	1	1	3
6	2	2	3	1
7	3	3	2	2
8	3	1	1	3
9	3	2	3	1
10	1	3	3	1
11	1	1	2	2
12	1	2	1	3
13	3	3	1	1

续表

试验号	进水温度	水流量	风　量	室外湿球温度
	A	*B*	*C*	*D*
14	3	1	3	2
15	3	2	2	3
16	2	3	3	3
17	2	1	2	1
18	2	2	1	2

表 5.7　正交因子值

因　子	水平 1	水平 2	水平 3
进水温度/℃	37	35	33
水流量/($m^3 \cdot h^{-1}$)	700	500	300
风量/($kg \cdot s^{-1}$)	122.76	98.21	73.66
室外湿球温度/(℃)	27	26	25

根据理论的横流式冷却塔平均出水温度计算方法,得到的结果如表 5.8 所示。

表 5.8　L18(3^4)试验极差计算结果

试验号	进水温度	水流量	风　量	室外湿球温度	出水温度/℃
	A	*B*	*C*	*D*	
1	1	3	2	2	30.96
2	1	1	1	3	30.61
3	1	2	3	1	31.91
4	3	3	2	3	28.32
5	3	1	1	1	29.26
6	3	2	3	2	29.27

续表

试验号	进水温度	水流量	风　量	室外湿球温度	出水温度/℃
	A	*B*	*C*	*D*	
7	2	3	1	2	29.54
8	2	1	3	3	30.14
9	2	2	2	1	30.48
10	1	3	3	1	31.71
11	1	1	2	2	31.36
12	1	2	1	3	30.41
13	3	3	1	1	28.86
14	3	1	3	2	29.47
15	3	2	2	3	28.52
16	2	3	3	3	29.74
17	2	1	2	1	30.68
18	2	2	1	2	29.74
K_1	186.95	181.53	178.41	182.91	
K_2	180.33	180.33	180.33	180.33	540.99
K_3	173.70	179.13	182.24	177.75	
ΔK	13.25	2.40	3.83	5.16	—

其中,冷却塔进水温度因子的极差最大,达到13.25,是影响冷却塔出水温度的关键因素;其次是湿球温度,极差为5.16;水流量极差最小,仅为2.4。冷却塔出水温度影响因子的影响顺序如下:

$$A > D > C > B$$

即冷却塔进水温度>室外湿球温度>风量>水流量

与实测影响冷却塔出水温度因素的主次关系相比,其主要因素均为进水温度,其次为室外湿球温度,而水流量和风量对出水温度的影响程度存在一定的差异。现场实测数据显示,风量对冷却塔出水温度影响程度最小,主要是由于冷却塔进水流量分布不均匀,水流量在填料层某一区域比较集中,而风量的分布是相对比较均匀的。在其他条件一定的情况下,与水流量分布均匀的冷却塔相比,气水比减小,需要更大的风量才能满足冷却塔出水温度的要求。因此,在实际运行中应加强对其日常的维护,保证冷却塔进水流量的分布均匀,才能更有效地利用冷却塔换热面积,使得在相对较少的进塔风量时,就能达到同样的冷却效果,并大到降低冷却塔运行能耗的作用。

5.1.4　冷却塔能耗特性实验研究

为了研究冷却塔换热面积对冷却塔出水温度和系统能耗的影响,2010 年 7 月 23 日,在 13:00—13:40 时,开启 1 台离心式冷水机组对应 1 台冷冻、冷却水泵及冷却塔 1#;13:40—15:40 时,开启冷却塔 2#,2 台冷却塔风机频率均为 50 Hz;15:40—17:30 时,将冷却塔 2#风机频率降至 45 Hz,冷却塔 1#风机频率保持 50 Hz 不变。冷水机组能耗变化规律如图 5.2 所示,冷水系统与冷却水系统温度变化规律如图 5.3 所示,冷却塔出水温度变化规律如图 5.4 所示。

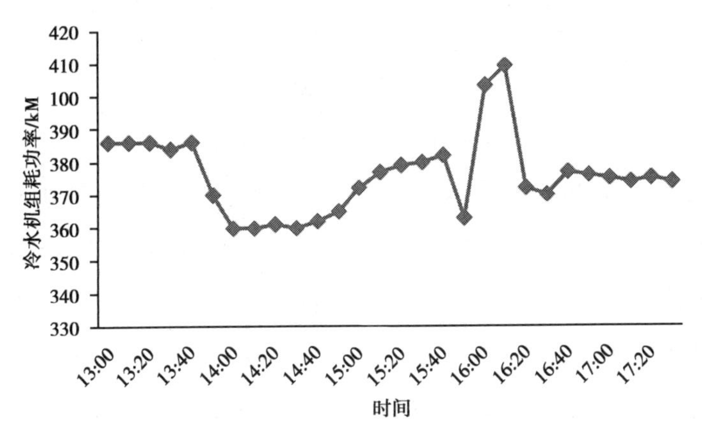

图 5.2　冷水机组能耗变化规律

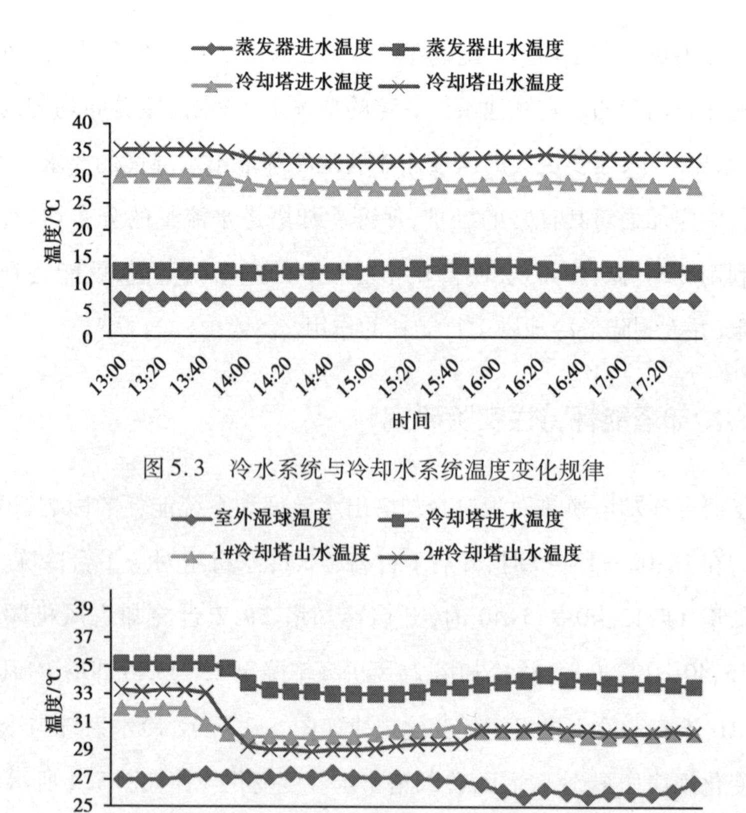

图 5.3　冷水系统与冷却水系统温度变化规律

图 5.4　冷却塔出水温度变化规律

在 13:00—13:40 与 13:40—14:40 时间段内,末端负荷率基本一致。从 13:40 开始增开冷却塔 2#,风机频率为 50 Hz。此时,随着冷却塔台数的增加,即增大换热面积,冷水机组冷却塔出水温度降低 1.2 ℃,在 13:40—14:40 时间段内,冷水机组能耗比 13:00—13:40 时间段的冷水机组能耗降低 25 kW,减少 6.5%;但此时增开 1 台冷却塔,能耗为 22 kW。因此,冷却水系统在室外湿球温度和末端负荷不变的情况下,增开 1 台冷却塔,使冷却塔出水温度降低 1.2 ℃,总能耗降低 3 kW,减少 0.74%。因此,在室外湿球温度和末端负荷率恒定时,增加冷却塔运行台数,可以有效利用冷却塔换热面积,提高冷水机组能效,而系统总体能耗不会增加。

根据对主教学楼负荷特征分析发现,在 14:40—15:40 时间段内,末端负荷逐渐增大,冷水机组能耗升高,此时室外湿球温度保持不变,同时维持冷却水泵和冷却塔风机频率。随着末端负荷增大,冷却塔进水温度升高,冷却塔出水温度亦升高,冷水机组能耗从 360 kW 增至 382 kW。在 15:40—17:30 时间段内,将冷却塔 2#风机频率降至 45 Hz,冷却塔 1#风机频率保持 50 Hz。在 15:40—16:10 时间段,末端负荷率增大,冷水机组能耗增大,这段时间室外湿球温度降低 0.5 ℃,但由于负荷率增大,冷却塔进、出水温度受末端负荷率及室外湿球温度综合影响都会升高。因此,在末端负荷率、冷却塔水流量和风量恒定时,室外湿球温度降低可以使冷却塔进、出水温度降低;末端负荷率增大,冷却塔进、出水温度会随之升高,即使湿球温度降低,负荷率的增大仍将导致冷却塔的进、出水温度升高。

在 13:00—13:40 时间段内,冷却塔 1#运行,风机频率为 50 Hz,室外湿球温度变化较小,且末端负荷率恒定,冷却塔 1#进、出水温度与室外湿球温度保持一致的变化趋势,温差恒定。从 13:40 开始,开启冷却塔 2#,风机频率为 50 Hz,进入各塔流量减小,冷却塔出水温度降低。在 13:40—15:40 时间段内,在同样的进水温度、风量和室外湿球温度条件时,冷却塔 1#出水温度比冷却塔 2#低,这是因为两台冷却塔进水阀门开度不同导致两塔进水流量不等。冷却塔 1#、2#进水流量分别为 229 m^3/h、124 m^3/h,冷却塔 1#气水比小于冷却塔 2#,使各塔热力特性不同,导致冷却塔 2#的出水温度比冷却塔 1#低 0.7 ℃。在 15:40—17:20 时间段内,冷却塔 2#风机频率从 50 Hz 降至 45 Hz,气水比降低,同时负荷率与室外湿球温度亦发生变化,导致冷却塔出水温度升高,其中,冷却塔 2#的出水温度比冷却塔 1#高 0.1 ℃。而在 13:40—15:40 时间段内,冷却塔 2#的出水温度比冷却塔 1#出水温度低 0.7 ℃。因此,在其他参数一定时,冷却塔风量减小会导致气水比减小,使冷却塔出水温度升高。

现场测试发现,冷却塔风量对冷却塔出水温度的影响程度最小,这是由于冷却塔污垢较多,进水流量分布不均匀,水流在填料层某一区域较集中,而冷却塔风量分布相对较均匀。当其他条件一定时,气水比减小,导致换热效率降低。因此,在实际运行中,应加强冷却塔日常的清洗维护,保证冷却塔水流分布均匀,从而有效利用冷却塔换热面积,使得在相对较少的冷却塔风量时达到同样的冷却效果,并起到降低冷却塔运行能耗的作用。

5.2 冷却水系统节能运行策略

5.2.1 最佳冷却塔出水温度控制

冷却水系统的节能运行方式是综合考虑冷水机组、冷却水泵和冷却塔三者相互影响的关系,建立三者耦合模型进行最优化求解。

本书提出一种新型的可实现控制策略,假定对冷却水泵采取定冷却水进、出水温差 Δt 控制,冷却塔则为最佳出水温度 t_o 控制,对冷却水泵及冷却塔风机均进行变频运行,使得在某一冷却塔出水温度值时,冷水机组、冷却水泵及冷却塔系统总能效达到最高值。基于这种运行模式时,具体控制原理如下。

(1)确定在不同负荷率下,定冷冻水出水温度为 6 ℃,且冷冻水流量随蒸发器负荷变化时,冷却塔出水温度 t_o、冷却水相对流量 $\overline{Q}$ 与冷水机组 COP 三者的函数关系。

(2)确定冷却塔出水温度统计回归模型,得出冷却塔出水温度与室外湿球温度 t_s、进塔水流量 Q、进水温度 t_i、进塔风量 G 之间的耦合关系模型如下:

$$t_o = 0.33 + 0.55t_i + 0.43t_s + 0.001Q - 0.013G + \varepsilon \tag{5.21}$$

(3)确定冷却水泵耗功率、冷却塔耗功率及机组耗功率模型。

①冷却水泵耗功率 N_P 与冷却塔出水温度 t_c 模型关系式如下:

$$N_P = -0.000\,008\,18Q^2 + 0.026\,6Q + 55.39 \tag{5.22}$$

式中 Q——冷却水流量,m^3/h。

通过冷却塔出水温度统计模型的相关性回归模型关系式(5.20)可以耦合得到冷却水泵耗功率与冷却塔出水温度 t_c 的关系。

②冷却塔耗功率 N_t 与冷却塔出水温度 t_c 的模型关系式如下：

$$\left(\frac{Q}{G}\right)_t = \frac{Q_t}{Q_d}\left(\frac{N_d}{N_t}\right)^{\frac{1}{3}}\left(\frac{Q}{G}\right)_d \tag{5.23}$$

式中　Q_t、Q_d——分别为冷却水测试流量及设计流量，m^3/h；

N_t、N_d——分别为冷却塔测试风机功率及设计风机功率，kW；

G_t、G_d——分别为冷却塔测试风量及设计风量，kg/s。

通过冷却塔出水温度统计模型的相关性回归模型(5.20)可以耦合得到冷却塔耗功率 N_t 与冷却塔出水温度 t_o 的模型关系式如下：

$$N_t = 22 \times \frac{\left[\frac{0.33 + 0.55t_i + 0.43t_s + 0.001Q - t_o}{0.013}\right]^3}{122.76^3} \tag{5.24}$$

③根据前文冷水机组统计回归模型，忽略末端变化对冷水机组的影响，考虑冷冻水侧定流量运行，定冷冻水出水温度 6 ℃工况，得到冷水机组耗功率 N_U 与冷却塔出水温度 t_c 模型关系式如下：

$$N_U = \frac{Q_e}{47.381\,09 + 297.921\,7\overline{Q} - 2.292\,44t_c + 35.633\,76\overline{Q}^2 + 0.217\,28t_c^2 - 1.370\,84\overline{Q}t_c} \tag{5.25}$$

式中　Q_e——系统负荷，kW；

$\overline{Q}$——冷却水相对流量；

t_c——冷却塔出水温度，℃。

通过冷水系统与冷却水系统的能量平衡方程可以得到冷水机组耗功率 N_U 与冷却塔出水温度 t_c 的关系。其中，冷水系统与冷却水系统的能量平衡方程如下：

$$Q_e + \frac{Q_e}{47.381\,09 + 297.921\,7\overline{Q} - 2.292\,44t_c + 35.633\,76\overline{Q}^2 + 0.217\,28t_c^2 - 1.370\,84\overline{Q}t_c}$$

$$=4\ 186Q\Delta t/3\ 600 \tag{5.26}$$

④建立冷却水泵耗功率、冷却塔耗功率及冷水机组耗功率与冷却塔出水温度的耦合模型。

⑤根据所建立的耦合关系模型对冷却塔出水温度采用有约束的非线性一元最优化方法求解,得到不同工况下最佳的冷却塔出水温度值,使冷源系统综合运行能耗最低,即能效最高。

在模型关系式(5.20)中,冷却塔出水温度与4个相互影响的非独立性变量相关,上述方法耦合得到的系统综合运行能耗模型无法用一个函数关系式进行表达,而是相互关联影响的函数组。因此,对于此类复杂问题进行有约束的非线性一元最优化求解是无法直接实现的。考虑通过MATLAB软件进行编程以实现优化计算过程,采用M文件编写目标耦合模型和约束方程,M文件 *myfun.com* 形式为 $fminbnd\ f=(@my_1, x_1, x_2)$。在MATLAB软件命令栏中,通过输入命令语句 $[x, fval, exitflag, output]=fminbnd(@my_1, x_1, x_2)$ 调用函数。

其中,f 为目标函数,x_1、x_2 为变量边界约束。

根据相关规范要求及变频器最低设置频率为30 Hz,该求解过程的边界约束条件如表5.9所示。

表5.9 参数范围

参　数	范　围
冷却水温差 Δt_c	3~6 ℃
冷却塔进水温度 t_i	19~33 ℃
冷却水流量 Q	401~702 m^3/h
风量 G	73.6~122.8 kg/s

最佳冷却水出水温度控制策略设计为如表5.10所示的控制方式①—④,传统的定冷却塔出水温度控制(比室外湿球温度高3 ℃)设计为控制方式⑤。对不同控制方式的系统运行综合能效与冷却水泵及冷却塔在额定工况⑥运行

时的系统综合能效进行比较，寻求在不同外界条件（单台机组不同负荷率及室外湿球温度），一泵对一塔运行时，冷却水系统的最佳控制策略。

表 5.10　冷却水系统控制方式

控制方式	不同控制方式
①	定冷却水 6 ℃温差控制
②	定冷却水 5 ℃温差控制
③	定冷却水 4 ℃温差控制
④	定冷却水 3 ℃温差控制
⑤	定冷却水 5 ℃温差，定冷却塔出水温度控制（高于室外湿球温度 3 ℃）
⑥	冷却水泵及冷却塔额定工况运行

5.2.2　单台塔运行系统最优控制策略

根据前面所述的有约束非线性一元最优化方法求解，得出最佳的冷却塔出水温度值，在不同负荷率下的控制方式冷源系统运行综合能效求解结果如下。

1）100% 负荷率

100% 负荷率冷源系统运行能效如表 5.11 所示。

表 5.11　100% 负荷率冷源系统运行能效

控制方式	湿球温度/℃	流量/($m^3 \cdot h^{-1}$)	进水温/℃	出水温/℃	水泵功率/kW	机组功率/kW	风量/($kg \cdot s^{-1}$)	塔功率/kW	总能效
①	27	445.0	38.8	32.8	29.3	502.3	78.3	5.7	4.91
	26.5	449.4	38.3	32.3	29.2	498.7	78.3	5.7	4.94
	26	448.9	37.8	31.8	29.2	495.2	78.3	5.7	4.98
	25.5	448.4	37.3	31.3	29.1	491.6	78.3	5.7	5.01
	25	447.9	36.9	30.9	29.1	488.0	78.3	5.7	5.04

续表

控制方式	湿球温度/℃	流量/$(m^3 \cdot h^{-1})$	进水温/℃	出水温/℃	水泵功率/kW	机组功率/kW	风量/$(kg \cdot s^{-1})$	塔功率/kW	总能效
②	27	537.5	36.7	31.7	41.7	488.1	78.6	5.8	4.92
	26.5	536.9	36.3	31.3	41.6	484.5	78.6	5.8	4.96
	26	536.3	35.8	30.8	41.5	481.0	78.6	5.8	4.99
	25.5	535.7	35.3	30.3	41.4	477.4	78.6	5.8	5.03
	25	535.1	34.8	29.8	41.3	473.9	78.6	5.8	5.06
③	27	668.3	34.8	30.8	69.3	471.3	79.6	6.0	4.82
	26.5	667.5	34.3	30.3	69.1	467.8	79.6	6.0	4.86
	26	666.8	33.8	29.8	68.9	464.2	79.6	6.0	4.89
	25.5	666.0	33.3	29.3	68.7	460.7	79.6	6.0	4.93
	25	665.2	32.8	28.8	68.5	457.1	79.6	6.0	4.96
⑤	27	535.3	35.0	30.0	41.4	475.3	117.6	38.7	4.75
	26.5	534.7	34.5	29.5	41.3	471.6	118.3	39.3	4.78
	26	534.1	34.0	29.0	41.2	467.9	118.9	40.0	4.80
	25.5	533.4	33.5	28.5	41.1	464.2	119.6	40.7	4.83
	25	532.8	33.0	28.0	41.0	460.6	120.3	41.4	4.86
⑥	27	701.9	33.1	29.3	78.9	458.1	122.8	22.0	4.72
	26.5	701.9	32.6	28.8	78.9	454.5	122.8	22.0	4.75
	26	701.9	32.1	28.4	78.9	450.9	122.8	22.0	4.78
	25.5	701.9	31.7	27.9	78.9	447.3	122.8	22.0	4.81
	25	701.9	31.2	27.4	78.9	443.7	122.8	22.0	4.84

其中,控制方式④的系统水流量高于额定流量值,说明该控制策略无法实现。

2) 90%负荷率

90%负荷率冷源系统运行能效如表5.12所示。

表 5.12 90% 负荷率冷源系统运行能效

控制方式	湿球温度/℃	流量/($m^3 \cdot h^{-1}$)	进水温/℃	出水温/℃	水泵功率/kW	机组功率/kW	风量/($kg \cdot s^{-1}$)	塔功率/kW	总能效
①	27	407.3	38.5	32.5	24.3	466.1	85.7	7.5	4.77
	26.5	406.6	38.0	32.0	24.2	461.8	85.7	7.5	4.81
	26	405.8	37.5	31.5	24.1	457.6	85.7	7.5	4.85
	25.5	405.1	37.0	31.0	24.0	453.3	85.7	7.5	4.89
	25	404.4	36.5	30.5	23.9	449.1	85.7	7.5	4.94
②	27	485.1	36.4	31.4	33.9	448.0	85.9	7.5	4.85
	26.5	484.3	35.9	30.9	33.8	443.7	85.9	7.5	4.89
	26	483.4	35.4	30.4	33.7	439.5	85.9	7.5	4.94
	25.5	482.6	35.0	30.0	33.5	435.2	85.9	7.5	4.98
	25	481.8	34.5	29.5	33.4	431.0	85.9	7.5	5.03
③	27	601.4	34.4	30.4	53.5	426.2	86.6	7.7	4.87
	26.5	600.5	33.9	29.9	53.3	422.0	86.6	7.7	4.91
	26	599.5	33.4	29.4	53.1	417.8	86.6	7.7	4.96
	25.5	598.6	33.0	29.0	53.0	413.5	86.6	7.7	5.00
	25	597.7	32.5	28.5	52.8	409.3	86.5	7.7	5.05
⑤	27	482.7	35.0	30.0	33.6	435.6	115.6	36.7	4.69
	26.5	481.9	34.5	29.5	33.4	431.2	116.2	37.3	4.73
	26	481.1	34.0	29.0	33.3	426.8	116.9	38.0	4.76
	25.5	480.3	33.5	28.5	33.2	422.4	117.5	38.6	4.80
	25	479.5	33.0	28.0	33.1	417.9	118.2	39.3	4.84
⑥	27	701.9	32.2	28.8	78.9	401.1	122.8	22.0	4.73
	26.5	701.9	31.8	28.4	78.9	396.7	122.8	22.0	4.77
	26	701.9	31.3	27.9	78.9	392.3	122.8	22.0	4.81
	25.5	701.9	30.8	27.4	78.9	388.0	122.8	22.0	4.85
	25	701.9	30.3	26.9	78.9	383.6	122.8	22.0	4.90

其中,控制方式④的系统水流量高于额定流量值,说明该控制策略无法实现。

3)80%负荷率

80%负荷率冷源系统运行能效如表5.13所示。

表5.13　80%负荷率冷源系统运行能效

控制方式	湿球温度/℃	流量/($m^3 \cdot h^{-1}$)	进水温/℃	出水温/℃	水泵功率/kW	机组功率/kW	风量/($kg \cdot s^{-1}$)	塔功率/kW	总能效
②	27.0	434.1	36.2	31.2	27.4	414.7	88.6	8.3	4.68
	26.5	433.2	35.7	30.7	27.3	410.2	88.5	8.3	4.73
	26.0	432.3	35.3	30.3	27.2	405.7	88.5	8.3	4.78
	25.5	431.4	34.8	29.8	27.1	401.1	88.5	8.2	4.83
	25.0	430.5	34.3	29.3	27.0	396.6	88.5	8.2	4.89
③	27.0	537.8	34.2	30.2	41.8	394.9	89.1	8.4	4.74
	26.5	536.8	33.7	29.7	41.6	390.4	89.0	8.4	4.79
	26.0	535.7	33.2	29.2	41.4	385.9	89.0	8.4	4.84
	25.5	534.7	32.8	28.8	41.3	381.4	89.0	8.4	4.89
	25.0	533.8	32.3	28.3	41.1	376.9	89.0	8.4	4.95
⑤	27.0	431.8	35.0	30.0	27.1	403.3	113.6	34.9	4.53
	26.5	430.9	34.5	29.5	27.0	398.6	114.3	35.5	4.58
	26.0	430.0	34.0	29.0	26.9	393.9	114.9	36.1	4.62
	25.5	429.1	33.5	28.5	26.8	389.2	115.6	36.7	4.66
	25.0	428.2	33.0	28.0	26.7	384.5	116.2	37.4	4.70
⑥	27.0	701.9	31.4	28.4	78.9	361.6	122.8	22.0	4.56
	26.5	701.9	30.9	27.9	78.9	356.9	122.8	22.0	4.61
	26.0	701.9	30.4	27.4	78.9	352.3	122.8	22.0	4.65
	25.5	701.9	29.9	26.9	78.9	347.6	122.8	22.0	4.70
	25.0	701.9	29.4	26.4	78.9	343.0	122.8	22.0	4.75

其中，控制方式①的系统水流量低于流量下限值，控制方式④的系统水流量高于额定流量值，说明这两种控制策略无法实现。

4）70%负荷率

70%负荷率冷源系统运行能效如表5.14所示。

表5.14 70%负荷率冷源系统运行能效

控制方式	湿球温度/℃	流量/($m^3 \cdot h^{-1}$)	进水温/℃	出水温/℃	水泵功率/kW	机组功率/kW	风量/($kg \cdot s^{-1}$)	塔功率/kW	总能效
③	27	475.3	34.1	30.1	32.6	367.2	88.0	8.1	4.53
	26.5	474.2	33.6	29.6	32.4	362.8	88.0	8.1	4.58
	26	473.1	33.1	29.1	32.3	358.4	88.0	8.1	4.63
	25.5	472.1	32.6	28.6	32.1	353.9	88.0	8.1	4.68
	25	471.1	32.2	28.2	32.0	349.5	87.9	8.1	4.74
④	27	626.9	32.2	29.2	59.1	345.1	89.3	8.5	4.47
	26.5	625.7	31.7	28.7	58.8	340.7	89.3	8.5	4.53
	26	624.4	31.2	28.2	58.5	336.3	89.2	8.4	4.58
	25.5	623.2	30.7	27.7	58.2	331.9	89.1	8.4	4.63
	25	622.0	30.2	27.2	58.0	327.5	89.1	8.4	4.69
⑥	27	701.9	30.6	27.9	78.9	327.0	122.8	22.0	4.31
	26.5	701.9	30.1	27.4	78.9	322.4	122.8	22.0	4.36
	26	701.9	29.6	27.0	78.9	317.8	122.8	22.0	4.41
	25.5	701.9	29.1	26.5	78.9	313.3	122.8	22.0	4.46
	25	701.9	28.6	26.0	78.9	308.7	122.8	22.0	4.51

其中，控制方式①、②和⑤的系统水流量均低于流量下限值，说明这3种控制策略无法实现。

5）60%负荷率

60%负荷率冷源系统运行能效如表5.15所示。

表 5.15 60%负荷率冷源系统运行能效

控制方式	湿球温度/℃	流量/($m^3 \cdot h^{-1}$)	进水温/℃	出水温/℃	水泵功率/kW	机组功率/kW	风量/($kg \cdot s^{-1}$)	塔功率/kW	总能效
③	27	412.7	33.9	29.9	24.9	339.8	88.8	8.3	4.24
	26.5	411.5	33.4	29.4	24.8	335.2	88.8	8.3	4.30
	26	410.4	33.0	29.0	24.6	330.7	88.7	8.3	4.35
	25.5	409.3	32.5	28.5	24.5	326.2	88.7	8.3	4.41
	25	408.3	32.0	28.0	24.4	321.7	88.7	8.3	4.46
④	27	543.9	32.0	29.0	42.8	319.9	89.6	8.5	4.26
	26.5	542.5	31.5	28.5	42.6	315.4	89.5	8.5	4.32
	26	541.2	31.0	28.0	42.3	310.9	89.5	8.5	4.37
	25.5	540.0	30.5	27.5	42.1	306.4	89.4	8.5	4.43
	25	538.7	30.0	27.0	41.9	301.9	89.4	8.5	4.49
⑥	27	701.9	29.8	27.5	78.9	292.9	122.8	22.0	4.02
	26.5	701.9	29.3	27.0	78.9	288.3	122.8	22.0	4.07
	26	701.9	28.8	26.5	78.9	283.6	122.8	22.0	4.11
	25.5	701.9	28.3	26.0	78.9	279.0	122.8	22.0	4.16
	25	701.9	27.8	25.5	78.9	274.3	122.8	22.0	4.22

其中,控制方式①、②和⑤的系统水流量均低于流量下限值,说明这 3 种控制策略无法实现。

为了直观地分析研究结果,得到不同负荷率条件下冷源系统运行总能效与室外湿球温度的关系,如图 5.5—图 5.9 所示。

在 100%负荷率条件时,控制方式②(定 5 ℃温差)的系统综合能效最高,与控制方式⑥(冷却水泵及冷却塔额定工况运行)相比,当室外湿球温度从 27 ℃变化到 25 ℃时,温度每下降 0.5 ℃,其综合能效增幅最高可达 4.6%。

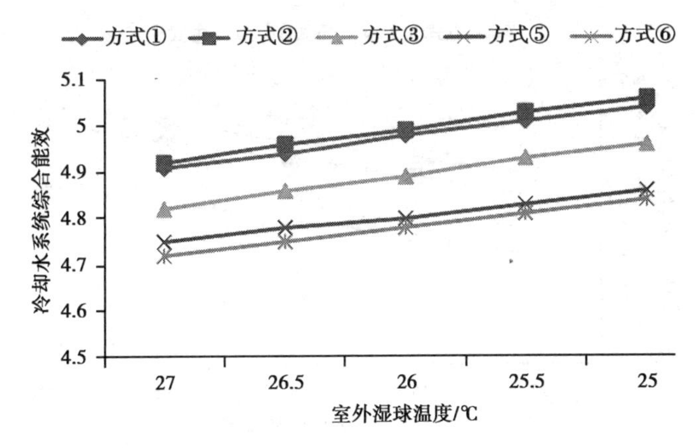

图 5.5 100% 负荷率系统能效变化规律

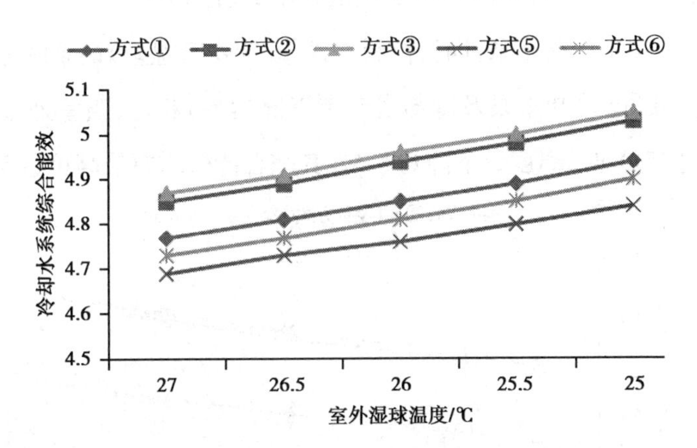

图 5.6 90% 负荷率系统能效变化规律

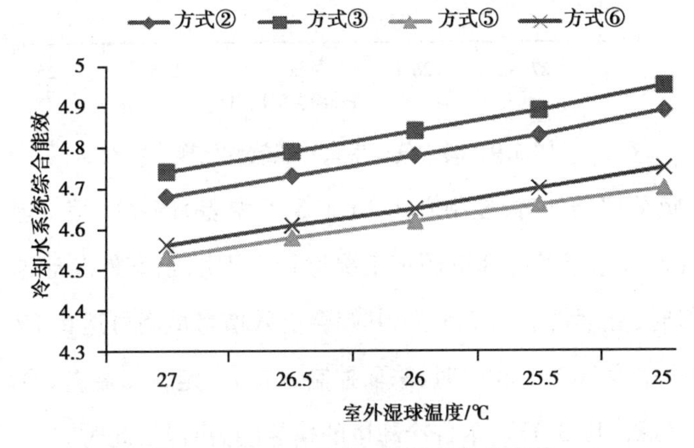

图 5.7 80% 负荷率系统能效变化规律

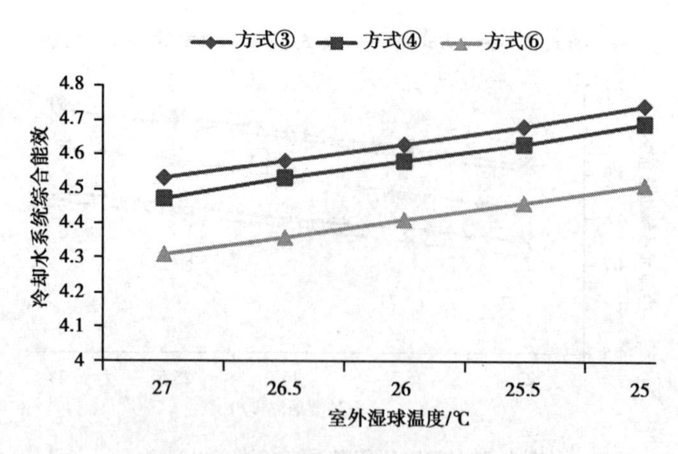

图 5.8　70% 负荷率系统能效变化规律

在 90% ~70% 负荷率条件时,控制方式③(定 4 ℃温差)的系统综合能效最高,与控制方式⑥(冷却水泵及冷却塔额定工况运行)相比,当室外湿球温度从 27 ℃变化到 25 ℃时,温度每下降 0.5 ℃,其综合能效增幅最高可达 5.1%。

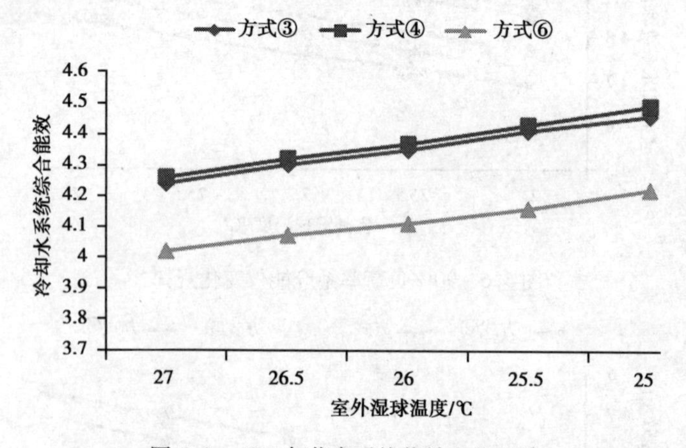

图 5.9　60% 负荷率系统能效变化规律

在 60% 负荷率条件时,控制方式④(定 3 ℃温差)的系统综合能效最高,与控制方式⑥(冷却水泵及冷却塔额定工况运行)相比,当室外湿球温度从 27 ℃变化到 25 ℃时,温度每下降 0.5 ℃,其综合能效增量最高可达 6.1%。

其中负荷率为 70% ~60% 时,采取控制方式⑤(定 5 ℃温差、冷却塔出水温度高于室外湿球温度 3 ℃),单台冷却塔的换热能力有限,此时需要开启两台塔运行才能满足控制要求。因此,这种控制方式目前使用较多,却并非一种节能的运行方式。

值得注意的是,在部分负荷率条件时,随着负荷率减低,对应的最佳冷却水温差亦降低。对于冷却水泵来说,最佳的运行方式实际上是流量恒定;而冷却塔风机耗功率却处于变化状态,最佳的运行方式应该是风机变频。在实际工程中,冷却水泵采取变频控制方式会导致冷源系统综合能效降低,主要原因是冷却水流量的减小导致冷水机组能效降低,对整个系统而言是不经济的。因此,冷却水系统水流量的变化对冷水机组性能的影响较水温大,应尽可能通过监控平台对逐时的最佳冷却塔出水温度耦合求解,得到最佳的冷却塔风机频率,并以此为依据对风机进行变频的方式来实现系统节能运行。

综上所述,部分负荷率情况下,以冷源系统综合最高能效为目标的最佳冷却塔出水温度控制方式,为冷却水系统最优运行策略,可以使冷却水自动匹配最佳温差,并根据最佳冷却塔出水温度确定风机频率大小。其中,冷却水系统的最佳温差随着负荷率的降低而降低。冷却水泵均定流量 537 m^3/h 运行时,系统达到最优运行状态。主教学楼冷却水泵选型偏大为 700 m^3/h,可以通过变频或者更换水泵的方式,将水泵流量调整至最佳的运行状态。

5.2.3　两台冷却塔运行系统最优控制策略

当空调系统存在多台冷却塔时,其开启方式可以为一塔对一机一泵,或者多塔对一机一泵。当多台冷却塔同时开启时,风机耗功率会增大,而冷却塔出水温度会降低,导致冷水机组能效提高、能耗降低。

假定两台冷却塔同时运行时,各塔水量一致,为单台塔运行流量的 1/2,且各进塔水温相同,两塔热力特性也一致。

定冷却水 4 ℃温差,针对两种运行模式,利用 MATLAB 软件采用有约束非线性一元最优化方法求解得到冷却塔最佳出水温度值。不同负荷及室外湿球温度条件下冷源系统综合能效计算结果如表 5.16 所示。

表 5.16 不同负荷及室外湿球温度条件下冷源系统综合能效计算结果

负荷率	室外湿球温度/℃	一泵对一塔运行方式					一泵对两塔运行方式				
		水泵/kW	机组/kW	冷却塔/kW	总能效	出水温/℃	水泵/kW	机组/kW	冷却塔/kW	总能效	出水温/℃
100%	27	69.3	471.3	6.0	4.82	30.8	69.3	469.4	9.5	4.81	30.5
	26.5	69.1	467.8	6.0	4.86	30.3	69.1	465.8	9.5	4.84	30.0
	26	68.9	464.2	6.0	4.89	29.8	68.9	462.3	9.5	4.88	29.5
	25.5	68.7	460.7	6.0	4.93	29.3	68.7	458.8	9.5	4.91	29.1
	25	68.5	457.1	6.0.	4.96	28.8	68.5	455.2	9.5	4.95	28.6
90%	27	53.5	426.2	7.7	4.87	30.4	53.5	425.0	9.5	4.86	30.3
	26.5	53.3	422.0	7.7	4.91	29.9	53.3	420.8	9.5	4.91	29.8
	26	53.1	417.8	7.7	4.96	29.4	53.1	416.6	9.5	4.95	29.3
	25.5	53.0	413.5	7.7	5.00	29.0	53.0	412.4	9.5	5.00	28.8
	25	52.8	409.3	7.7	5.05	28.5	52.8	408.1	9.5	5.05	28.4
80%	27	41.8	394.9	8.4	4.74	30.2	41.8	394.2	9.5	4.74	30.1
	26.5	41.6	390.4	8.4	4.79	29.7	41.6	389.7	9.5	4.79	29.6
	26	41.4	385.9	8.4	4.84	29.2	41.4	385.2	9.5	4.84	29.2
	25.5	41.3	381.4	8.4	4.89	28.8	41.3	380.7	9.5	4.89	28.7
	25	41.1	376.9	8.4	4.95	28.3	41.1	376.2	9.5	4.94	28.2
70%	27	32.6	367.2	8.1	4.53	30.1	32.6	366.7	9.5	4.52	30.0
	26.5	32.4	362.8	8.1	4.58	29.6	32.4	362.3	9.5	4.57	29.6
	26	32.3	358.4	8.1	4.63	29.1	32.3	357.9	9.5	4.62	29.1
	25.5	32.1	353.9	8.1	4.68	28.6	32.1	353.5	9.5	4.67	28.6
	25	32.0	349.5	8.1	4.74	28.2	32.0	349.0	9.5	4.73	28.1
60%	27	24.9	339.8	8.3	4.24	29.9	24.9	339.7	9.5	4.23	29.9
	26.5	24.8	335.2	8.3	4.30	29.4	24.8	335.2	9.5	4.28	29.4
	26	24.6	330.7	8.3	4.35	29.0	24.6	330.6	9.5	4.34	29.0
	25.5	24.5	326.2	8.3	4.41	28.5	24.5	326.1	9.5	4.39	28.5
	25	24.4	321.7	8.3	4.46	28.0	24.4	321.6	9.5	4.45	28.0

在100%负荷率，室外湿球温度从27 ℃降至25 ℃时，单台冷却塔运行能效与两台冷却塔相差均不大，这是由于单台冷却塔运行时，风机耗功率虽然有所降低，但其值远小于冷水机组耗功率；同时，单台冷却塔运行也会导致冷水机组能效降低。不同负荷率条件下，单台冷却塔在不同室外湿球温度运行时的系统综合能效与两台冷却塔相比的差值都在0.02之内。

通过现场实测可以看出，由于冷却塔内存在较多污垢，水量分布不均匀，在填料层内某一区域比较集中，因此冷却塔气水比减小，不能有效地利用换热面积。利用该冷却塔得到的出水温度相关性统计回归模型中，风量的影响程度最低，与理论计算得到的结果存在一定的差异。如果对主教学楼冷却塔进行清洗维护后，冷却塔出水温度统计模型中风量的相关性系数会增大，冷却塔的开启台数对冷源系统整体综合能效影响程度还会进一步降低，甚至可能出现节能的效果。

由于冷却水温对冷水机组能效影响较小，因此应尽量通过冷却塔风机变频实现节能运行。多台冷却塔同时开启可以充分发挥冷却塔的换热面积，此时冷源系统的最高运行能效将取决于冷却塔风量的大小。因此，需要加强冷却塔的维护，保证进水流量分布均匀，有效利用冷却塔的换热面积，使得在相对较小的风量时，能达到同样的冷却效果，并达到提高冷源系统综合运行能效的目的。冷却塔风机节能的问题，可以广泛采用统一同步变频控制的方式解决。

5.3　本章小结

本章根据建立的冷水机组、冷却水泵及冷却塔的运行综合能耗模型，针对高校主楼常常在部分负荷率下运行，设备选型存在较大余量的情况，通过研究，提出了其冷却水系统全面的优化运行策略。

①提出了横流式冷却塔出水温度理论计算方法，分别对冷却塔进行实测和理论计算的影响因素分析，发现冷却塔进水温度总是关键因素，室外湿球温度

其次;风量和水流量的影响程度存在一定差异,由于冷却塔实际换热性能降低,因此实测的风量影响程度较水流量小。

②研究冷却塔影响因子相关性及冷水机组、冷却水泵、冷却塔三者耦合模型,以冷源系统综合最高能效为目标进行最佳冷却塔出水温度的非线性一元最优化求解,发现部分负荷率情况下,冷却水系统的最优化节能运行策略应该为冷却水泵定流量,冷却塔风机变频运行,可以使冷却水自动匹配最佳温差,并根据最佳冷却塔出水温度确定风机频率变化大小。

③研究冷却塔影响因子相关性及冷水机组、冷却水泵、冷却塔三者耦合模型,以冷却水系统综合最高能效为目标进行最佳冷却塔出水温度的非线性一元最优化求解,发现单台冷却塔运行,冷却水系统综合能效与两台塔相比的差值都在 0.02 之内。由于水温变化对冷水机组能效影响较水流量小,冷却塔应为多台同时开启,并对风机进行统一变频,保证进水流分布均匀,有效地利用冷却塔换热面积。

6　空调系统综合节能运行策略

6.1　末端负荷影响因素及改善措施

6.1.1　办公室负荷影响因素及改善措施

空调系统实际能耗影响因素较多,为了研究各因素的影响程度大小,根据建立的主教学楼 DeST 模型进行正交实验,通过对不同使用功能房间空调负荷的影响程度模拟,找出关键因素,进而提出空调系统的节能运行改善措施。

办公室是用于行政办公的场所。室内人员密度小,标准层受建筑布局和面积限制,新风量指标也较小。随着现代化办公设备的增多,室内产热量越来越大。办公室的负荷比例中,显热负荷所占的比例最大,达到 60% 左右;其次是潜热负荷,约占 30%;新风负荷最小,占比不足 10%。

办公室冬季室内设计温度为 20 ℃,相对湿度为 50% ~60%;夏季设计温度为 26 ℃ ,相对湿度为 60%;办公室人员密度为 0. 15 p/m^2,人员新风量指标为 30 m^3/p;设备总功率为 300 W/p; 照明密度为 11 W/m^2。

采用正交试验确定各办公室负荷影响因素的程度。在正交试验中欲考察的因素称为因子;每个因子在考察范围内分成若干等级,称为水平。由于办公室负荷受到外墙类型、屋顶类型、外窗类型、遮阳类型、人员散热、设备散热、照明指标等的影响,正交试验安排如表6.1所示。为了挑选出次数较少而又有代表性的组合条件,各因子取等水平数2,不考虑交互作用,水平取值如表6.2所示。

表6.1 正交试验安排 $L_8(2^7)$

试验号	外 墙	屋 顶	外 窗	遮阳系数	人员密度	设备散热	照明散热
	A	*B*	*C*	*D*	*E*	*F*	*G*
1	1	1	1	1	1	1	1
2	1	1	1	2	2	2	2
3	1	2	2	1	1	2	2
4	1	2	2	2	2	1	1
5	2	1	2	1	2	1	2
6	2	1	2	2	1	2	1
7	2	2	1	1	2	2	1
8	2	2	1	2	1	1	2

表6.2 正交因子值

因 子	水平1	水平2
外墙/[W·(m^2·K)$^{-1}$]	1.73	1.00
屋顶/[W·(m^2·K)$^{-1}$]	1.22	0.70
外窗/[W·(m^2·K)$^{-1}$]	1.75	3.00
人员密度/(p·m^{-2})	0.20	0.15
照明密度/(W·m^{-2})	20	11
设备散热	300 W/p	20 W/m^2
遮阳系数	0.7	东、南、西:0.5
		北:0.6

其中，水平 1 代表主教学楼实际参数水平，水平 2 代表《公共建筑节能设计标准》（GB 50189—2005）中的相关规定。由于室内设计温度均为 26 ℃，且新风量指标均为 30 m^3/p，因此，不考虑室内设计温度和新风量指标的影响。根据 DeST 模型，对办公室负荷进行模拟，得到模拟结果如表 6.3 所示。

表 6.3　$L_8(2^7)$ 试验极差

试验号	外墙	屋顶	外窗	遮阳系数	人员密度	设备散热	照明散热	总负荷
	A	B	C	D	E	F	G	
1	1	1	1	1	1	1	1	24 758
2	1	1	1	2	2	2	2	16 984
3	1	2	2	1	1	2	2	18 537
4	1	2	2	2	2	1	1	21 513
5	2	1	2	1	2	1	2	22 428
6	2	1	2	2	1	2	1	19 502
7	2	2	1	1	2	2	1	19 460
8	2	2	1	2	1	1	2	23 094
K_1	81 792	83 672	84 296	85 183	85 891	91 793	85 233	166 276
K_2	84 484	82 604	81 980	81 093	80 385	74 483	81 043	
ΔK	2 692	1 068	2 316	4 090	5 506	17 310	4 190	—

其中，设备散热因子的极差最大，达到 17 310，且远大于其他因子，为办公室空调负荷的最关键因素。屋顶的极差最小，仅为 1 068，属于次要因素。办公室空调负荷影响因子的影响程度顺序如下：

$$F > E > G > D > A > C > B$$

即

设备散热>人员密度>照明散热>遮阳系数>外墙>外窗>屋顶

设备散热是影响办公室负荷的最关键因素，其次为人员密度和照明散热。因此，办公室空调节能策略应该从减少室内热源（包括办公设备、人员密度和照明散热)着手。

首先,应尽量关闭不使用的办公设备,尤其是在离开办公室后应及时关闭电脑。尽量减少不必要的办公设备,这对降低室内空调负荷、减少空调能耗具有十分重要的意义。

其次,应该推广并更换节能灯具。节能灯具的初投资虽然较高,但其使用不仅可以减少照明用电量,又可以降低空调负荷。

最后,由于办公室仅满足室内最小新风量要求,因此,在过渡季节或者办公室负荷较小时,应开启门窗,加强自然通风,充分利用天然冷源,保证室内空气质量。

6.1.2 教室负荷影响因素及改善措施

教室是学生学习上课的场所,占用空间大,使用人员多,室内环境的好坏会直接影响学生学习质量。因此,教室的空调环境应引起足够的重视。教室人员密度较大,室内负荷主要由人员密度、照明散热和新风指标负荷组成,其中室内人员的散热是室内负荷的主要来源。

教室负荷在全天内的变化较为稳定,白天上课时间显热负荷占比较大,17点后潜热负荷所占的比例增大。新风负荷所占比例远远超过办公室新风负荷比例,最大可高达35%左右。

教室冬季室内设计温度为20 ℃,相对湿度为50%~60%;夏季室内设计温度为26 ℃,相对湿度为60%;办公室的人员密度为0.6 p/m^2,人员新风量指标为25 m^3/p;照明密度为11 W/m^2。教室的作息时间相对较为规则,并存在课间休息时间。

同理,为分析各因素对教室负荷的影响程度,采用正交实验分析法,对外墙、屋顶、外窗、遮阳、人员密度、新风指标和照明散热等7个因素进行正交极差分析,正交模拟安排方案如表6.4所示。

表 6.4　正交实验安排 $L_8(2^7)$

试验号	外　墙	屋　顶	外　窗	遮阳系数	人员密度	新风指标	照明散热
	A	*B*	*C*	*D*	*E*	*F*	*G*
1	1	1	1	1	1	1	1
2	1	1	1	2	2	2	2
3	1	2	2	1	1	2	2
4	1	2	2	2	2	1	1
5	2	1	2	1	2	1	2
6	2	1	2	2	1	2	1
7	2	2	1	1	2	2	1
8	2	2	1	2	1	1	2

各正交因子水平取值如表 6.5 所示。

表 6.5　正交因子值

因　子	水平 1	水平 2
外墙/[$W\cdot(m^2\cdot K)^{-1}$]	1.73	1.00
屋顶/[$W\cdot(m^2\cdot K)^{-1}$]	1.22	0.70
外窗/[$W\cdot(m^2\cdot K)^{-1}$]	1.75	3.00
人员密度/($p\cdot m^{-2}$)	0.65	0.50
照明密度/($W\cdot m^{-2}$)	20	11
新风量指标/[$(m^3\cdot(p\cdot h)^{-1}$]	30	25
遮阳系数	0.7	东、南、西:0.5
		北:0.6

根据 DeST 模型,对教室负荷进行模拟,得到的模拟结果如表 6.6 所示。

表6.6 $L_8(2^7)$试验极差

试验号	外墙	屋顶	外窗	遮阳系数	人员密度	设备散热	照明散热	总负荷
	A	*B*	*C*	*D*	*E*	*F*	*G*	
1	1	1	1	1	1	1	1	16 022
2	1	1	1	2	2	2	2	11 951
3	1	2	2	1	1	2	2	14 480
4	1	2	2	2	2	1	1	12 827
5	2	1	2	1	2	1	2	13 366
6	2	1	2	2	1	2	1	14 335
7	2	2	1	1	2	2	1	12 743
8	2	2	1	2	1	1	2	15 660
K_1	55 280	55 674	56 376	56 611	60 497	57 875	55 927	111 384
K_2	56 104	55 710	55 008	54 773	50 887	53 509	55 457	
ΔK	824	36	1 368	1 838	9 610	4 366	470	—

其中,人员密度因子的极差最大,达到9 610,且远远大于其他因子,为最关键因素;屋顶的极差最小,仅为36,属于次要因素。教室空调负荷影响因子的影响程度顺序如下:

$$E > F > D > C > A > G > B$$

即

人员密度>新风指标>遮阳系数>外窗>外墙>照明散热>屋顶

虽然人员密度和新风指标为教室空调负荷的主要影响因素,但教室座位数恒定,人员密度难以改变;同时人员密度大且停留时间长的这种大空间建筑类型,室内新风指标不但不应该降低,反而应该增大,才能保证室内空气的新鲜度和室内人员的学习工作效率。

教室人员密度大、新风指标高,因此,可以考虑回收利用排风中的能量,以取得节能和环保效益,尤其是当新风与排风采用专门独立的管道输送时,非常利于设置集中的热回收装置。排风热回收装置的额定热回收效率应不低于

60%，因此教室亦是适应于采用热回收实现节能运行的。通过 DeST 模型对教室空调系统采用热回收装置进行模拟，显热回收 40%，潜热回收 60%，夏季累计耗冷量减少 16%，冬季累计耗热量减少 8%。

空调末端节能运行管理的最重要方式应该是通过行为节能来实现。空调末端风机的开启情况难以进行精确统计，通常仅通过分项计量可以得到分层空调末端总能耗。当每层楼为同一个使用单位时，可以通过分层计量收取费用达到促进行为节能的目的。主教学楼的节能改造中，在每层楼的主供水管道上加装了冷量计量表，对每层楼的空调耗能情况进行逐时和长期的统计；同时在每层楼加设电度表，对空调、照明、动力等分项进行能耗统计。主教学楼塔楼六、七层为行政办公用途，八层以上为各学院办公室。由于各个楼层基本上为单独的学院或单位使用，因此，经过改造后的计量系统考虑采取分楼层计量与按照负荷分摊结合的方式进行。

在每层楼分设电度表，以分项统计各楼层的照明、设备及空调等的用电情况。每月通过读取电表数值来统计各项能耗并收取电费。冷冻机组、冷却塔、冷冻水泵、冷却水泵等制冷设备的能耗，按照各楼层的空调系统提供的冷量所占总冷量的比例进行分摊。各楼层的空调系统采取精确计量的方式，以冷量计量表和电度表作为计量单元。在精确计费系统中，每个计量单元均按规定的计算方法计量能耗，可以准确统计该楼层的实际能耗。

当每层楼为多个使用单位时，则不能精确计算各单位的用能情况，此时应加强空调用户的节能意识宣传，要求空调开启时办公室应关闭门窗；离开办公室前提早 15 min 关闭室内风机开关；过渡季节不开或少开空调，以开窗通风或使用电风扇为主。

空调系统末端的工作状态应该按期例行检查，及时发现存在的问题和能源浪费现象，并按时进行整改。对处于用户房间中的系统末端的启停开关、房间温度控制器的工作状态，系统运行期每两周应至少检查一次。对处于公共房间中的系统末端的启停开关、房间温度控制器的工作状态，系统运行期每天应检查一次。

6.2 系统综合节能运行策略

6.2.1 新风节能运行

对于教室这类以使用功能为主的房间来说,人员密度较大,新风的摄入是必需的。空调系统新风量的大小应该是局部排风量加维持室内正压的需求风量之和,与达到卫生要求的需求新风量对比,取相对较大值即为系统的最小新风量。为了保证室内卫生安全要求,新风量至少应不小于空调系统总风量的10%。

前文提到在新风管道安装排风热回收装置,可以通过热交换方式,利用排风预冷新风,达到减少新风负荷的目的。通过对主教学楼全空气系统 DeST 模型进行模拟,分别采取定新风量无热回收、定新风量全热回收、变新风量无热回收、变新风量全热回收4种运行方式,结果如图6.1所示。

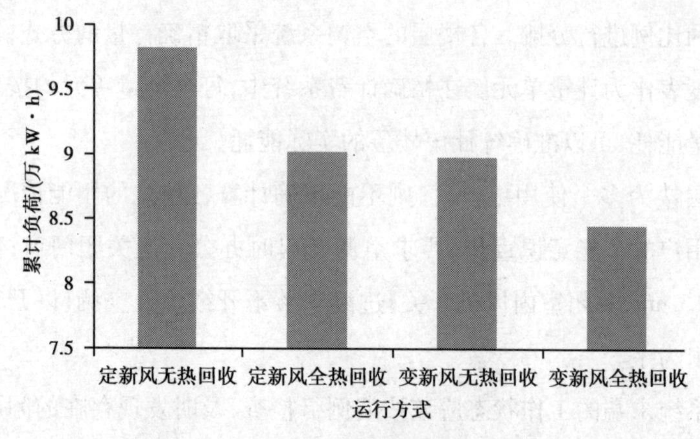

图6.1 不同空气处理方式的空调负荷对比

由图6.1可知,采用变新风量结合全热回收处理方式的累计冷负荷最低,节能效果最明显,与定新风量无热回收方式相比,累计冷负荷低15%。因此,推荐采用变新风量全热回收运行策略来实现新风节能运行。

6.2.2　空调系统间歇运行

根据主教学楼实际使用特征，其冷负荷日变化呈双驼峰状，空调系统宜采用间歇运行策略，即午休和晚餐时段，分别关闭冷水机组和冷却水泵 2 h 和 1 h，冷冻水泵继续运行，具体如图 6.2 所示。

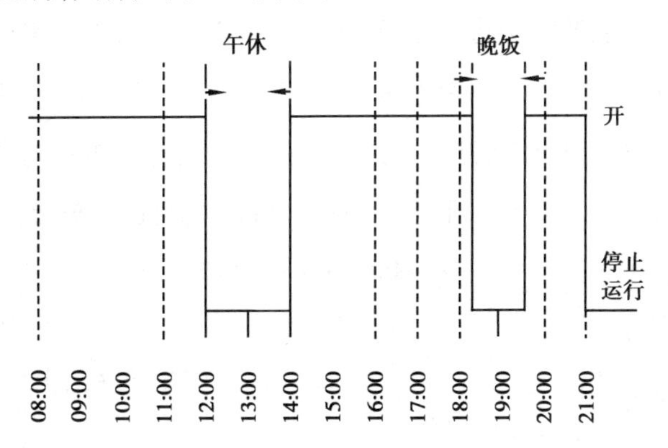

图 6.2　空调系统间歇运行策略

通过对主教学楼 DeST 模型进行空调系统间歇运行策略模拟，得到间歇运行累计冷负荷，如图 6.3 所示。采用间歇运行策略，年累计冷负荷为 643 万 kW · h，与正常运行相比减少了 90 万 kW · h，节能率可达 12%。

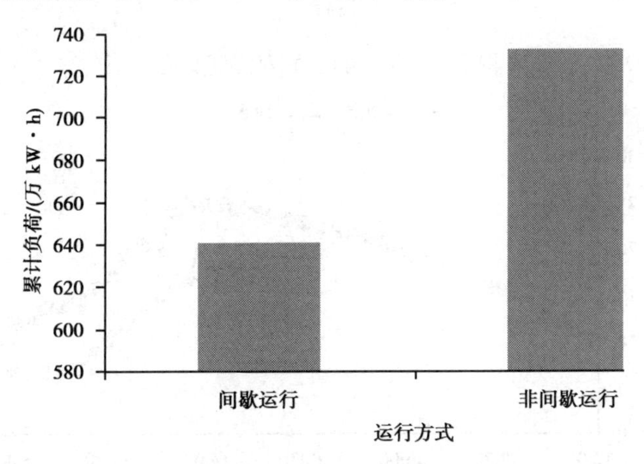

图 6.3　累计冷负荷对比

根据模拟某典型日室内、外温度变化规律可以看出，由于围护结构蓄热性能，室内温度变化会产生延迟。午休期间停机 2 h，室内温度仅上升 2.5 ℃，达到 26.5 ℃；晚餐时间停机 1 h，室内温度仅达到 26 ℃，这对空调系统实际使用效果影响不大。

为了研究空调系统间歇运行对室内温度的影响程度，2010 年 7 月 26 日 12:00—15:00 对主教学楼进行了现场实验。12:00 时，将冷水机组、冷却水泵及冷却塔风机相继停止运行，冷冻水泵保持运行状态；14:00 时，将冷却塔风机、冷却水泵及冷水机组再依次开启。选取后勤办公室作为测试对象，得到其室内温湿度、冷冻水进出水温度变化曲线分别如图 6.4、图 6.5 所示。

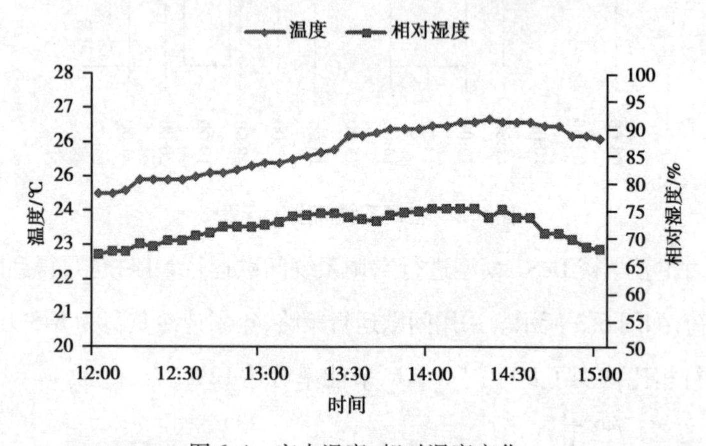

图 6.4　室内温度、相对湿度变化

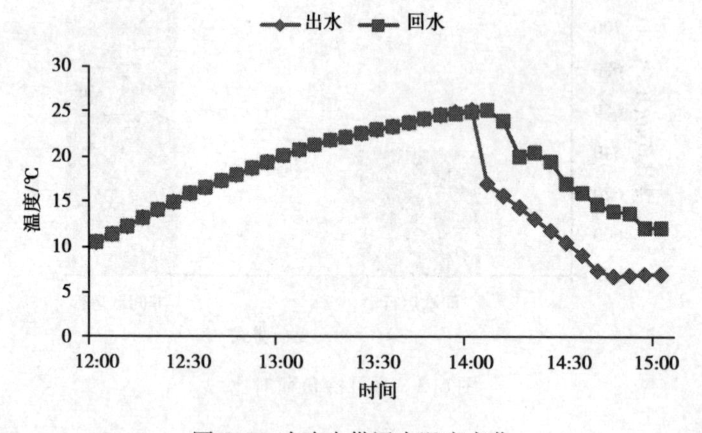

图 6.5　冷冻水供回水温度变化

冷水机组停机后，室内温度逐渐升高，于14:25时达到最高值26.7 ℃，随后开始降低。冷水机组开启时间为14:00，室内温度在开机后仍然持续上升，这是因为冷冻水进、出水温度在开机后虽然出现了降低的趋势，但仍然处于17.5 ℃/25.2 ℃的较高状态，此时冷冻水水温对室内的温度影响较小。直至14:25以后，冷冻水出水温度已降至10 ℃，此时室内温度开始呈现出下降趋势，但是仍然未达到设计值，降低趋势较为平缓，当14:45冷冻水出水温度达到设计值并逐渐稳定时，室内温度也趋于设定值26 ℃。后勤办公室室内温湿度变化规律反映了空调冷水机组间歇运行对室内温度产生的影响，可以看出空调系统间歇运行对室内热舒适性影响并不大，室内环境基本满足人体舒适性要求，这是利用房间余冷和冷却水余冷的表现。

6.2.3 空调系统运行维护

空调系统优化运行策略最终应该落实到节能运行管理中。空调系统节能运行管理的复杂程度和技术要求都比较高，需要根据天气变化、人员随机变化采取适宜的控制模式进行工况调节，才能满足室内空调和通风要求。空调系统运行管理的不完善会导致室内热舒适性降低、运行能耗增大。从主教学楼前期的节能运行诊断情况来看，旁通阀门开启等人为因素导致空调系统运行能效降低的现象存在。前文研究也表明，冷却塔不进行日常清洗维护，会导致局部填料分布不均匀，换热效果降低，影响系统综合能效。因此，空调系统应加强日常清洗维护，这也是空调系统节能运行的关键，应主要从以下几个方面进行。

1)冷水系统

冷水系统采取的过滤、缓蚀、阻垢等水处理措施应处于正常的工作工况。每年系统运行前后，对冷冻水泵应至少进行一次维修检查，检查叶轮、联轴器、轴承、水封是否完好，做好维修保养工作。

对冷水系统的水质，每年应至少进行一次检测，运行水质应达标。对系统管道的阀门和保温层每年应至少检查一次，如有滴水和破损应及时维修和更换。冷水系统的阀门每半月应进行一次检查、调节、维护；对系统的各种水过滤器每月应进行一次检查、除渣、清堵处理。系统的温度控制仪表和流量控制仪表应定期进行检查，保证完好。严格控制冷水系统的供回水温度和温差。

2）冷却水系统

空调系统每年制冷期运行前，应检查冷却塔的齿轮箱、风机、布水器、填料是否需要更换和维修，冷却塔积水盘应保持清洁。冷却水系统采取的过滤、缓蚀、阻垢、杀菌、灭藻等水处理措施应处于正常工作工况。

每年制冷期运行前、后，应检查冷却水泵的叶轮、联轴器、轴承、水封等是否完好，做好维修保养工作。冷却水系统运行中，每天应进行补充水的消耗记录，及时分析冷却塔的耗水状况。对冷却水系统的水质，每3个月应至少进行一次检测，并应使运行水质达标，且不得检查出嗜肺军团菌。

每年制冷期运行前，应检查空调冷水机组的冷凝器水管结垢情况，如结垢严重，应进行专项清洗。冷却水系统的阀门每半月应进行一次检查、调节、维护；对系统的各种水过滤器，每月应进行一次检查、除渣、清堵处理；冷却塔的布水器、填料等，在运行季节每半月应进行一次检查、除渣、清堵等清洁维护工作。冷却水系统的温度控制仪表和流量控制仪表应定期进行检查，保证完好。

3）风系统

空调系统的空气过滤网（器），运行期间每半月应至少进行一次吹扫、清堵、除尘、除垢等清洁处理。使用频率高、人员流动性大或室内环境质量要求高的场所的空气过滤网（器），运行期间每周应清洗1～2次，环境灰尘大的地方还应增加清洗次数。

空调系统中的换热器（含室外风冷冷凝器）翅片运行期间每季度应至少进行一次吹扫、清堵、除尘、除垢等清洁处理；使用频率高、人员流动性大或室内环境质量要求高的场所的换热器，运行期间每周应用高压水冲洗1～2次，直至换热器透亮，每次清洗完毕后应将接水盘中的尘、渣等清理干净，保证接水盘通畅。

空调系统中的风机叶片、蜗壳和换热器每年应进行 1 ~2 次专业清洗,保证风机叶片和蜗壳无积尘,换热器表面显出原色并可透光。风系统的风管(风道)、静压箱、回风箱及设备的箱体、外壳等,每半年应进行一次漏风和保温性能测试、检查,发现问题应及时进行维护或检修处理。对风系统的各种风阀,每月应至少进行一次检查、维护或调节。空调风管的保温层每年应进行一次检查,如有破损应及时修复。空调风管每两年应进行一次检查,经卫生学评价,不合格的风管应实施清洗,清洗效果经评价合格后,方可投入运行。

4)监控系统

每年系统运行前、后,应检查采暖、通风与空调系统,按照设计配置的监控系统,其系统的参数、点位、构成方式应符合有关节能规定,不应出现控制元器件失效、系统失灵的现象。对控制系统的各种传感器、仪器、仪表,每月应至少检查一次;当传感器的位置偏离正常点位时,应予以及时调整;当性能参数偏离正常值时,应予以及时检修或更换。因使用情况或外界气候的变化,应由操作人员进行手动控制或人工干预控制系统,实现系统运行时应对是否实施了相应的合理变更及时进行检查,防止系统处于非节能工况下运行。

6.3 本章小结

本章针对高校主楼常常在部分负荷下运行,设备选型存在较大余量的情况,采用正交模拟实验方法。研究发现,设备散热、人员密度和照明散热为办公室空调系统的主要影响因素,人员密度和新风指标为教室空调系统的主要影响因素,应作为相应的节能运行管理重点;提出了变新风量结合全热回收、间歇运行等系统综合节能运行策略,通过 DeST 软件模拟研究发现,分别可降低空调负荷的 15%、12%。

7 合同能源管理适应性评价体系

7.1 合同能源管理模式特征

目前,合同能源管理机制越来越受用能单位的认可和欢迎。这种既响应国家节能减排政策号召,又迎合市场机制的模式,在引入国内后发展十分迅速,并逐渐占领国内节能市场。不少用能单位都准备开始选择专业的节能服务公司对自身实施节能运行管理。将合同能源管理机制应用于高校主楼节能工作中,对解决高校主楼空调系统节能运行管理的资金困难、节能技术及设备缺乏等问题起着积极的作用。

实施合同能源管理进行高校主楼建筑节能运行,是指节能服务公司通过与高校签订节能服务合同,为高校提供包括校园建筑节能潜力分析、项目可行性研究、方案设计、项目融资、设备选购、现场施工、节能量检测、运行管理人员培训以及维护保养等一整套的节能服务,并从高校主楼节能改造后获得的节能效益中收回投资和取得利润的一种商业模式。合同能源管理的实质是一种以减少的能源费用来支付节能项目全部成本和获取利润的节能投资方式,这种方式允许用未来的节能收益为设备升级,以降低目前的运行成本。在传统的节能投资方式下,节能项目的所有风险和盈利都由实施节能投资的高校承担;而合同能源管理模式不再要求高校自身对节能项目进行投资。节能服务公司就是基于合同能源管理机制运作的、以营利为直接目的的专业化公司,是实施合同能源管理项目的主体。高校不需要承担节能实施的资金、技术及风险,可以更快地降低能源成本,获得实施节能后带来的收益,还可以获取节能服务公司提供的设备。

目前合同能源管理中运用比较成熟的合同模式主要有以下几种类型。

1)节能量保证型合同

节能量保证型合同的实质内容是节能服务公司保证一定的节能量,或是保证将用户能源费用降低或维持在某一水平上。这种合同对用能单位最安全、可靠,节能服务公司为节能承担了主要风险。节能效益在一定时期内归节能服务公司,这部分效益通常足够弥补节能服务公司的投资费用,如果节能量超过保证值,则超额部分根据合同规定,或用于偿清节能服务公司的投资,或归用能单位所有。

2)节能效益分享型合同

节能效益分享型合同是最常用的一种合同,其核心内容是节能服务公司与用能单位按协议定的分成方式进行节能效益分享。通常,合同执行的前几年,大部分节能效益归属节能服务公司,以补偿初投资及其他成本。

3)能源费用托管型合同

能源费用托管型合同中,用能单位委托节能服务公司进行能源系统的节能改造和运行管理,并按照合同约定支付能源托管费用;节能服务公司负责管理用能单位整个能源系统的运行维护工作,通过提高能源效率,降低能源费用,并按照合同约定拥有全部或部分节省的能源费用。节能服务公司和用能单位的经济效益均来自减少的能源费用。

4)租赁合同

采用租赁方式购买设备,在一定租赁期内,设备的所有权属于节能服务公司。当节能服务公司收回项目改造的投资,获得相应的利润后,设备归用能单位所有,设备维护和运行时间可以根据协议适当延长。这种设备租赁方式适应于设备贬值不突出的项目。设备生产商也通过节能服务公司租赁购买设备的方式,促进其设备的广泛应用。

5)BOT

近年来,BOT这种合作承包运营型模式被一些发展中国家用来进行基础设施建设与运营管理,并取得了一定的成效,引起了世界范围的广泛青睐。BOT是私人资本参与基础设施建设,向社会提供公共服务的一种特殊投资方式,具体包括建设(Build)、经营(Operate)、转让(Transfer)3个过程,即建设—经营—转让。政府通过契约授予私营企业以一定期限的特许专营权,许可其融资建设和经营特定的公用基础设施,准许其通过向用户收取费用或出售产品负责项目的建设、运营、管理,并用取得的收益清偿贷款,回收投资并赚取利润;特许权期限届满时,该基础设施无偿移交给政府,转由政府指定部门经营和管理,整个过程的风险由政府和私营企业分担。

实施节能改造和运行管理的合同能源管理项目合同类型并不是由节能服务公司在为高校开展节能服务之前所能决定的,而是要根据不同的项目特点和高校需求情况而定。其中,节能效益共享型合同对节能服务公司的要求更高,实施范围更广。以节能效益共享型合同为例,合同能源管理模式的具体实施流程如下。

1)能源审计

能源审计是指节能服务公司对高校主楼的能源供应、管理、效率状况进行审计、监测、诊断和评价。此时,高校的紧密配合能尽可能地发掘节能改造的潜力,获得最佳的改造效果。

能源审计的主要内容包括能源消耗数据的核算、能源价格与成本的核定和能源审计结果的分析等。高校通过能源审计结果可以掌握自身能源管理状况及用能水平,排查节能障碍和浪费环节,寻找节能潜力,以降低校园的建筑能耗。

2）节能评估

根据《国家发展改革委关于加强固定资产投资项目节能评估和审查工作的通知》，各地都相继制定了固定资产投资项目的节能评估办法。节能评估是指节能服务公司在开展节能改造项目前，在能源审计的基础上，向高校提出专业的节能项目评估，编制能源质量分析报告、节能量预测报告、节能投资分析报告等，提出先进、适用、经济、可行的节能整体解决方案，供高校参考，并报请批准。

节能评估是项目可行性研究的重要组成部分，其内容主要包括项目所遵循的合理用能指标；项目遵循的节能设计规范；项目能源消耗种类和数量分析；建筑和设备合理用能分析；项目采取的节能措施；项目节能效益分析等。评估报告的编制直接关系到高校是否委托节能服务公司进行节能改造的决定和改造合同的谈判，因此，评估报告的编制过程中要遵循客观公正的原则。

3）合同的谈判与签署

合同的谈判主要是合同类型的选择及节能改造内容的约定，包括项目的节能潜力和节能服务公司的资信等问题。其中，高校主楼为了减轻财政负担一般可选择节能效益分享型合同；而对于一些节能潜力大、资信比较好的商业建筑业主可选择节能量保证型合同，由业主方进行资金的筹措；对于已进行节能设计，由于管理问题造成比较严重能耗浪费的建筑物可考虑选择能源费用托管型合同。节能服务公司的收入来自节能管理产生的节能量，因此，合同的类型要视项目的具体情况而定。目前，市场应用较多的是节能效益共享型合同，此类合同也适用于高校主楼空调系统节能运行项目。

节能服务公司的节能项目整体解决方案与高校达成共识后，双方签订节能合同，其合同内容应本着公平、公正的原则，规定双方的责任和义务、效益分享的方式、节能量检测的方式等核心要点问题。

4）节能改造方案设计

根据批准的节能整体解决方案，节能服务公司开始进行详细的节能改造工程设计工作，并编制详细的项目实施方案，报予高校批准。节能服务公司有设计资质的可自行设计，没有资质的可委托相应有资质的设计公司进行节能方案设计，设计应遵循《公共建筑节能设计标准》（GB 50189—2005）、《公共建筑节能改造技术规程》（JGJ 176—2009）等国家有关的政策标准。

5）施工安装调试

设计图纸出图后，进入节能改造项目的实施阶段。由于采用的是合同能源管理的节能服务新机制，因此高校在改造项目的实施过程中不需要任何投资，全部投资由节能服务公司承担，包括方案设计、设备采购、工程施工、监控系统安装以及性能调试等一系列服务工作。

6）节能运行管理

节能服务公司负责培训高校主楼设备运行管理的相关人员，以增强节能意识，引导节能观念转变，并承担楼宇所有或部分用能设备的维护工作，派遣现场维护与巡视人员，以确保用能设备和系统能够正常操作和运行，制订详细的设备保养、维护手册，降低楼宇的运行维护成本。

7）节能效益分享

改造工程完工后，由高校和节能服务公司共同按照能源管理合同中规定的方式对节能量及节能效益进行检测核定，以此作为双方效益分享的依据。通过效益分享，节能服务公司获取相应的报酬与合理的利润。合同结束后，高校将享受全部节能效益，并免费获得高能效设备、节能设备和节能监控系统。

7.2 空调系统能耗调整模型

7.2.1 空调能耗调整方法

利用合同能源管理实施空调系统节能运行的核心问题是空调系统的效益

评估。测量和认证是合同能源管理项目空调系统效益评估的重要技术保证环节,定期的测量和认证可以有效监测节能量,并且可以通过数据变化及时调整合同能源管理方案,保证合同约定的节能效益。能按时收回投资成本,取得丰硕的节能收益的节能改造和运行管理项目才能保证实施合同能源管理模式的适应性。通过效益评估可以构建一套能够准确评估合同能源管理适应性的评价体系,且该体系能够被实施合同能源管理的双方认同。

目前,在国际节能效益评价中应用最广泛的是《国际性能检验和测试规范》(International Performance Measurement and Verification Protocol, IPMVP)。IPMVP 规定,节能量可以通过比较节能项目实施前后的电量和负荷来确定。一般情况下,可以认为:节能量=基准年能耗量-改造后能耗量+调整量。该等式中提出的调整量,考虑到年度用能条件差异导致对节能效益测算时产生的误差,要求将两个时期的空调能耗代入同样的条件中去。通常影响空调系统能耗的条件主要有气候、使用率、产值及这些条件要求的设备运行情况等,调整量可为正值,也可为负值。然而,IPMVP 并没有对需要建立的数学模型,甚至需要调整的参数进行规范统一,往往仍然会导致能耗的回归调整存在较大差异。

进行高校主楼节能运行的合同能源管理适应性评价前,解决年度用能条件差异导致对节能效益测算时产生的误差,对各年度能源使用的条件调整标准化,确定能耗调整量是合同能源管理实施中的关键问题。能源消耗有许多不可控制的因素,如天气及非常规的人为因素等都会影响能耗的基准值,通常对这些影响的调整包括常规性调整和非常规性调整,如使用率、建筑物内新增电气设备及这些条件要求下的设备运行情况、安装设备的强度和产品结构等。这些因素的变化跟节能措施无关,但也会影响主楼的能耗。为了科学地评价节能措施的节能效果,应该把两个时间段的能耗放到同等条件下考察。

目前,比较典型的能耗预测方法是线性回归分析方法。将线性回归分析方法应用于预测领域时,所建立的预测模型是一种解释性模型。假设空调负荷 Q 和气象条件、相应的使用率和运行时间等影响因素 x_i 之间呈线性关系,则可以表示如下：

$$Q = \beta_0 + \beta_1 x_1 + \beta_2 x_2 + \cdots + \beta_n x_n + \varepsilon \tag{7.1}$$

通过应用最小二乘法，可以将 $t+1$ 时刻的负荷表示如下：

$$Q_{t+1} = \beta'_0 + \beta'_1 x_{1,t+1} + \beta'_2 x_{2,t+1} + \cdots + \beta'_n x_{n,t+1} \tag{7.2}$$

有研究认为，空调能耗系统是多输入、单输出的非线性系统，且负荷日变化具有周期性，单一的线性方程模型很难获得足够精确的数学模型。近年来，有研究提出采用神经网络应用于系统建模或预测等方面。Melek 对节能改造项目前后的能耗数据进行分析，建立了基于神经网络的节能量评价模型。Albert 以圣保罗大学的办公建筑能耗情况为例，对比分析了神经网络能耗预测模型和 Energyplus 能耗模拟预测模型。Kazanasmaz 对办公建筑的照明能耗进行 3 个月的连续测试，提出了神经网络预测分析模型。神经网络具有逼近任意非线性函数的能力，为多输入、单输出的非线性系统提供了一种通用的建模方法。神经网络模仿动物神经网络行为特征，进行分布式并行信息处理，依靠系统的复杂程度，通过调整内部大量节点之间相互连接的关系，从而达到处理信息的目的。BP 神经网络通常是指基于误差反向传播算法（BP 算法）的多层前向神经网络，可以实现输入与输出间的任意非线性映射。输入参数应当反映影响因素对建筑能耗的影响，通常包括历史年份的室外气象参数、建筑使用条件、能耗数据。具体采用哪些输入参数，取决于具体工程受哪些变化因素影响，而那些未发生变化的自然因素可不作为输入参数。然而，实施节能改造前，很多高校主楼空调系统能耗数据往往存在较多缺失；当实施 BP 神经网络的回归预测时，中间隐层节点设置的随机性等问题，对回归预测结果往往会产生不利影响，也影响对实际项目中节能量调整的准确性。

进行高校主楼空调系统年度能耗调整的目的是避免年度能耗使用条件差异对节能效益产生的影响。目前的调整量中往往会考虑到使用气象条件的影响，通常采用度日法，即根据采暖能耗与采暖度日数之间的线性关系，空调供冷能耗与空调度日数之间的线性关系，将改造前的供暖、空调供冷能耗调整至改造后的气象工况下,或将改造前和改造后的供暖、空调供冷能耗均调整至典型的气象年工况下。对于空调系统使用率和运行时间对空调能耗产生的影响,有研究提出根据建筑空闲面积比例、空闲时间计算逐月出租率下暖通空调能耗的比例,按照此比例调整相应的能耗基准和节能量。

前文分析指出,影响高校主楼空调系统逐日能耗的最重要因素是使用率,高校主楼常年在部分负荷条件下运行,导致其节能潜力巨大。对同一建筑采取完全相同的节能措施, 在不同使用率下的节能潜力和经济价值是完全不同的。然而,逐日的空调系统能耗回归是不现实的。每年度高校主楼空调系统使用功能一定,其使用率在暑假期间又是较为稳定的,因此,空调系统能耗调整时,采取逐月对应回归的方式是较为合理的。

根据空调度日数的含义,其表征了室外气象参数高于空调设定温度需要开启使用空调的时间数。因此,将空调度日数作为影响空调系统能耗的变量是可行的。由于气象参数和空调系统能耗之间的关系本身是存在一定误差的,而且被忽略的影响因素也是误差来源之一,因此,对节能量进行评价时,还应该考虑到计算过程中的不确定性并建立正确、合理的不确定性控制目标。

7.2.2 空调系统逐月能耗回归模型

空调系统能耗占建筑总能耗的较大比例,是建筑总能耗的主要组成部分。2008—2010 年夏季空调供冷季节为 5—9 月,其中,每年 5 月空调正式启用时间不定,且每年 5 月空调度日数较小。主教学楼 2010 年节能改造前,无法直接统计得到空调系统的分项能耗数据。为了得到 2008—2010 年空调系统 6—9 月的能耗数据,近似将主教学楼非空调季节 3—4 月的建筑平均能耗作为非空调系统能耗扣除,得到 3 年空调季空调系统能耗。2008—2010 年 6—9 月空调度日数与空调系统能耗关系的统计结果如表 7.1 所示。

表 7.1　2008—2010 年 6—9 月空调度日数与空调能耗关系

月份/月	2008 年		2009 年		2010 年	
	空调度日数/(℃·d)	空调能耗/(kW·h)	空调度日数/(℃·d)	空调能耗/(kW·h)	空调度日数/(℃·d)	空调能耗/(kW·h)
6	11	62 583	24	43 189	5	45 266
7	35	123 426	59	134 761	98	169 538
8	68	202 924	69	185 431	104	234 525
9	23	97 336	81	258 521	39	104 307

空调度日数和空调系统能耗呈线性变化规律,将 3 年的空调度日数和空调系统能耗数据进行线性回归,结果如图 7.1 所示,回归模型如下:

$$Q = 1\ 944\text{CDD} + 38\ 688 \tag{7.3}$$

式中　Q——空调系统能耗,kW · h;

CDD——空调度日数,℃ · d。

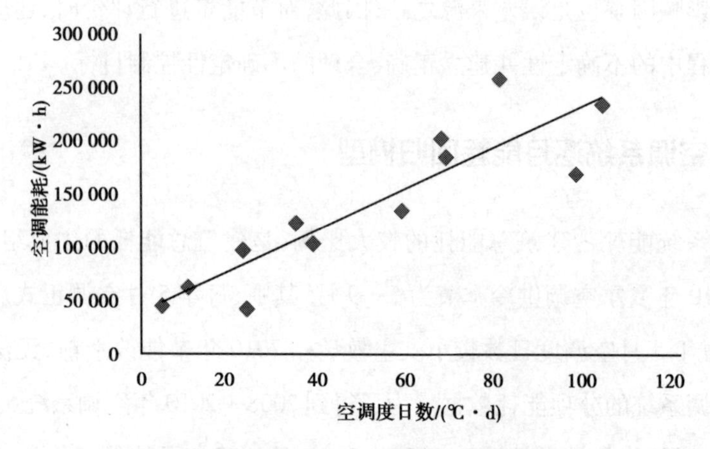

图 7.1　空调度日数与空调能耗关系线性回归

由于忽略了空调系统使用率和运行时间等影响因素,回归模型在计算和预测能耗时存在误差。因此,应该分析采取线性回归模型的拟合效果,一般运用决定系数 R^2 来衡量自变量和因变量的相关程度,具体公式如下:

$$R^2 = \frac{\sum (\hat{y}_i - \overline{y})^2}{\sum (y_i - \overline{y})^2} \tag{7.4}$$

式中　R^2——决定系数；

$\hat{y}_i$——回归拟合值；

y_i——实际值；

$\overline{y}$——实际平均值。

通过计算，得到该回归模型的决定系数为 0.80，这是回归模型的影响因素差异造成的。

通常认为，置信度 $P=95\%$ 足够说明结果是可信的，表 7.1 中的回归标准误差 SE=30 811.8，$n=12$。概率累计函数图如图 7.2 所示，可以得到置信度为 95%条件下临界空调度日数的范围为 0～5 ℃·d。由于实测数据有限，取其接近值 5 ℃·d，调整的基准期总空调能耗为 1 661 807 kW·h，其不确定度为：$U_{\text{MA}}=30\ 811.8\times5=154\ 059$ kW·h。

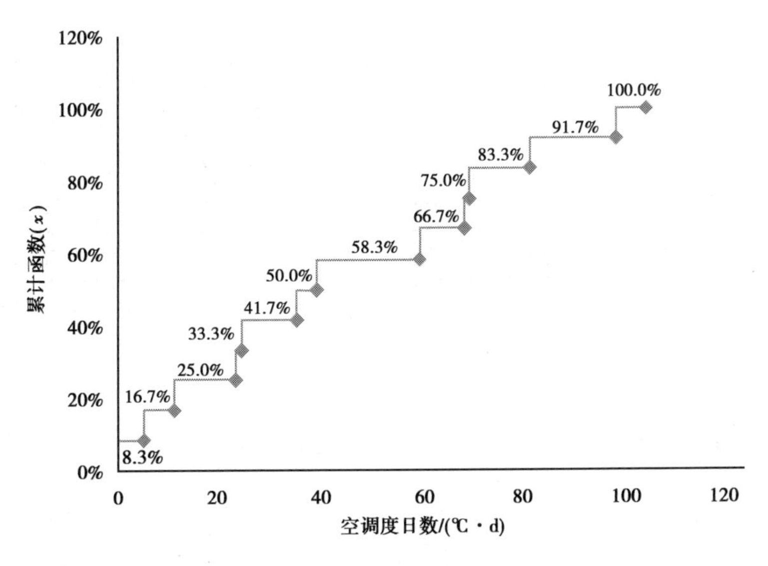

图 7.2　概率累计函数图

对 2008—2010 年空调度日数和空调能耗关系进行回归，分别得到决定系

数 R^2 为99%、95%、92%。其中,2008 年空调度日数和空调系统能耗拟合模型如下:

$$Q = 2\ 430CDD + 38\ 325 \tag{7.5}$$

式中 Q——空调系统能耗,kW·h;

CDD——空调度日数,℃·d。

将回归模型关系式(7.5)应用于2009—2010 年度空调系统能耗预测,可以得到回归模型预测值和调整量分析,如表 7.2 所示。因此,通过空调度日数和空调系统能耗建立回归模型,可以用于主教学楼年度空调能耗预测和调整。空调系统使用率和运行时间等因素本身为较为稳定,且对空调能耗影响程度较小。因此,忽略其他因素仅考虑空调度日数的影响的节能调整量可以用于主教学楼空调系统节能效益评价公式"节能量=基准年能耗量-改造后能耗量+调整量"中,并具有较高的可信度。

表 7.2 回归模型预测值和调整量

月份/分	2009 年		2010 年	
	预测值/(kW·h)	调整量/(kW·h)	预测值/(kW·h)	调整量/(kW·h)
6	96 645	53 457	50 475	5 209
7	181 695	46 935	276 465	106 927
8	205 995	20 565	291 045	56 520
9	235 155	-23 366	133 095	28 788

7.3 合同能源管理适应性分项测评

7.3.1 系统能效评估

合同能源管理项目实施的适应性分项测评应通过空调系统的能效测评来

完成。空调系统能效测评是指采取定性和定量分析相结合的方法，依据设计、施工、建筑节能分部工程验收等资料，经文件核查和必要的检查和检测，综合评定其空调系统实际能效的活动。通常，空调系统能效测评的前期工作包括形式检查和系统性能检测，在此基础上对系统能效进行评估。

1）节能效益评价

空调运行管理的节能效益评价指标为系统节能率，即通过计算空调系统相对于节能改造前或《公共建筑节能改造技术规程》（JGJ 176—2009）中规定的空调系统的节能量和节能率，对空调系统的节能效益进行评估。

（1）建筑全年累计冷/热负荷。

建筑全年累计冷负荷采用温频法进行计算。根据检测期间逐日平均冷负荷 Q_{Ci} 和相应的室外平均温度 t_{wi}，假设建筑负荷 $Q_{Ci}=kt_{wi}+C$，得到气温相关负荷特征值 K 和负荷常数 C。根据项目所在地气象数据得到建筑全年累计冷负荷，计算公式如下：

$$\sum Q_C = \sum_{i=1}^{n} (kt_{wi} + C)\tau_i \tag{7.6}$$

式中　$\sum Q_C$——建筑全年累计冷负荷，kW·h；

k——气温相关负荷特征值，kW/℃；

t_{wi}——第 i 个温频段中心温度，℃；

C——负荷常数，kW；

τ_i——第 i 个温频段小时数，h。

建筑全年累计热负荷采用度日法进行计算。根据检测期间室外平均温度 t_o 得到采暖度日数 $HDD18_T$，再根据检测期间累计热负荷 Q_{HT} 得到建筑全年累计热负荷，计算公式如下：

$$\sum Q_H = HDD18_P/(HDD18_T \times Q_{HT}) \tag{7.7}$$

式中　$\sum Q_H$——建筑全年累计热负荷，kW·h；

$HDD18_P$——项目所在地总采暖度日数,℃·d;

$HDD18_T$——检测期间采暖度日数,℃·d;

Q_{HT}——检测期间累计热负荷,kW·h。

(2)空调系统年能耗。

根据空调系统实测系统能效比和建筑全年累计冷/热负荷,得到空调系统年能耗计算公式如下:

$$E_C = \frac{\sum Q_C}{SEER_C} \tag{7.8}$$

$$E_H = \frac{\sum Q_H}{SEER_H} \tag{7.9}$$

式中 E_C——空调系统制冷年能耗,kW·h;

E_H——空调系统制热年能耗,kW·h;

$\sum Q_C$——建筑全年累计冷负荷,kW·h;

$\sum Q_H$——建筑全年累计热负荷,kW·h;

$SEER_C$——系统制冷能效比;

$SEER_H$——系统制热能效比。

(3)供冷/暖年能耗基准。

对于节能改造项目,供冷/暖年能耗基准应为节能改造前空调系统的实际能效与对应的年能耗之比。

当缺乏节能改造前数据时,供冷年能耗基准选取《公共建筑节能改造技术规程》(JGJ 176—2009)中规定的常规空调系统作为比较对象,其系统能效比为2.5;根据建筑全年累计冷负荷,计算空调系统供冷年能耗。供暖年能耗基准选取燃煤锅炉房作为比较对象,其效率取68%,根据燃煤锅炉效率和建筑全年累计热负荷,计算燃煤锅炉系统供暖年能耗。锅炉房供暖系统循环水泵、风机等设备能耗近似认为与空调系统末端水泵能耗相同。

(4)节能量和节能率。

将空调系统和基准供冷/暖系统的年能耗转换为一次能源(标准煤),其中,电能与一次能源的转换率取0.31,每kg标准煤的低位发热量为29 271 kJ,得到空调系统全年常规能源替代量的计算公式如下:

$$A=\left(\frac{\sum Q_{\mathrm{C}}}{\mathrm{SEER_{CP}}}-\frac{\sum Q_{\mathrm{C}}}{\mathrm{SEER_{C}}}\right)\times\frac{3\ 600}{29\ 271\times0.31\times10^{3}}+$$
$$\left(\frac{\sum Q_{\mathrm{H}}}{\mathrm{SEER_{HP}}}\times\frac{3\ 600}{29\ 271\times10^{3}}-\frac{\sum Q_{\mathrm{H}}}{\mathrm{SEER_{H}}}\times\frac{3\ 600}{29\ 271\times0.31\times10^{3}}\right)\quad(7.10)$$

式中 $\mathrm{SEER_{CP}}$——系统节能改造前制冷能效比;

$\mathrm{SEER_{HP}}$——系统节能改造前制热能效比。

空调系统供冷节能率计算公式如下:

$$\varepsilon_{\mathrm{C}}=\left(1-\frac{\mathrm{SEER_{CP}}}{\mathrm{SEER_{C}}}\right)\times100\%\quad(7.11)$$

空调系统供暖节能率计算公式如下:

$$\varepsilon_{\mathrm{H}}=\left(1-\frac{\mathrm{SEER_{HP}}}{\mathrm{SEER_{H}}}\right)\times100\%\quad(7.12)$$

2)环境效益评价

根据消耗一次能源所产生的温室气体和污染气体量的类型,空调系统环境效益评估的指标包括年二氧化碳减排量、二氧化硫减排量和粉尘减排量,计算公式如下:

$$Q_{\mathrm{CO_2}}=2.47A\quad(7.13)$$

$$Q_{\mathrm{SO_2}}=0.02A\quad(7.14)$$

$$Q_{\text{粉尘}}=0.01A\quad(7.15)$$

式中 $Q_{\mathrm{CO_2}}$——全年CO_2减排量,t;

$Q_{\mathrm{SO_2}}$——全年SO_2减排量,t;

$Q_{\text{粉尘}}$——全年粉尘减排量,t;

A——全年常规能源替代量,tce。

3)经济效益评价

空调系统节能改造和运行经济效益评价通常包括一次性投资、维护费用和静态投资回收期等。其中,《公共建筑节能改造技术规程》(JGJ 176—2009)中规定将静态投资回收期作为重要的经济指标,计算公式如下:

$$n=\frac{K}{M} \tag{7.16}$$

式中 n——静态投资回收期,年;

K——节能改造总投资,元;

M——节能改造年效益,元/年。

《公共建筑节能改造技术规程》(JGJ 176—2009)对空调系统相应静态投资回收期的要求如表7.3所示。

表7.3 空调系统相应静态投资回收期指标

判定方法	改造对象	静态投资回收期/年
单项判定	采用燃煤、燃气、燃油的蒸汽或热水锅炉热源	8
	电机驱动压缩机蒸汽压缩循环冷水机组或热泵机组	8
	名义制冷量大于7 100 W,采用电机驱动压缩机的单元式空气调节机、风管送风式和屋顶式空调机组	5
	溴化锂吸收式冷水机组	8
	冷却水系统	5

采用静态投资回收期作为重要的经济指标,是由于静态投资回收期针对节能改造项目,特别是投资较少的项目,在一定程度上能够起到衡量经济性的作用。同时,静态投资回收期计算简便,直观明确,易于掌握。但是,作为单项判定的唯一经济评价指标,静态投资回收期因未考虑到年收益的变动情况而仍然存在较大误差。因此,应根据合同能源管理应用于既有高校主楼节能改造和运

行管理的具体模式，建立动态经济指标和经济评价模型，进行合同能源管理模式的财务效益分析。

7.3.2 动态财务效益评价模型

根据合同能源管理应用于既有高校主楼节能改造和运行管理的具体模式，静态投资回收期因未考虑到年收益的变动情况，当投入资金较多时会产生较大误差。合同能源管理是一种减少能源成本的财务管理办法。为准确分析合同能源管理项目的经济效益适应性，应根据合同能源管理应用于既有高校主楼节能改造和运行管理的具体模式，建立具体的动态财务模型和评价指标。

动态经济评价指标是指考虑资金时间价值，对实施节能改造和运行管理的高校节能项目进行动态经济效益适应性评估。在时间因素的作用下，时间点不同、数量相等的资金具有不同的价值。因此，在方案比较中，由于资金的时间价值作用，方案在不同时间的资金无法进行直接比较，必须把不同时间的资金按照某一利率折算至某一相同时间上，使之等值后再进行比较。

折算利率的含义是指投资收益率，在选择投资机会或决定工程方案取舍前，投资者首先要确定一个最低盈利目标，即选择特定的投资机会或投资方案必须达到的预期收益率，称为基准收益率。基准收益率是计算净现值等经济评价指标的重要参数。

将投资方案各期所发生的净现金流量按基准收益率统一折算为现值的代数和称为财务净现值，其表达式如下：

$$\mathrm{NPV} = \sum_{i=0}^{n} (\mathrm{CI} - \mathrm{CO})_t (1 + i_c)^{-t} \tag{7.17}$$

式中 NPV——净现值，元；

CI ——现金流入，元；

CO ——现金流出，元；

$(\mathrm{CI}-\mathrm{CO})_t$——第 t 年的净现金流量，元；

n ——方案计算寿命期,年;

i_c——基准收益率,%。

财务净现值是评价投资方案盈利能力的重要指标,从资金时间价值理论和基准收益率的概念可以看出,只有当 NPV≥0 时,方案的实施才可以回收投资资金,且取得比既定收益率更高的收益,其超额部分的现值就是 NPV 值。多方案比较时,净现值较大的方案可以获得比既定收益率更高的收益,在其他条件一致的情况下可以作为优选方案。

合同能源管理项目的财务分析应在项目财务效益与费用估算的基础上进行。财务分析的内容应根据项目的性质和目标确定。对于合同能源管理项目,财务分析应通过编制财务分析报表,分析项目的盈利能力和财务生存能力,判定项目的财务可接受性,明确项目对节能服务公司的价值贡献,为项目的实施提供决策依据。

合同能源管理项目主要涉及用能高校、节能服务公司、金融机构及国家税务机关等相关方。项目进行经济效益评估时应以动态分析为主,静态分析为辅;以营业收入、建设投资、运行管理成本和流动资金的估算为基础,考察整个项目期间内现金流入和现金流出,编制项目投资现金流量表,利用资金时间价值的原理进行折现,计算分享期内累计现金流量,在此基础上与事先设定的目标值进行对比分析。

1)现金流入

(1)分享节能收益。

对于节能服务公司来说,分享的节能收益是进行合同能源管理项目的主要现金流入项。根据《合同能源管理技术通则》(GB/T 24915—2010),在签订合同时,应该约定节能效益分享方式。其中,节能效益分享型合同根据效益分享期内项目节能指标和当时能源价格预测节能效益,并确定节能服务公司分享节能效益的比例;节能量保证型合同规定效益分享期内高校主楼的节能量,当用能单位实际节能量在分享期内达到约定时,节能效益由高校分期或一次性支付给节能服务公司；能源费用托管型合同规定效益分享期内高校主楼的节能指标，能源托管费用由高校分期或一次性支付给节能服务公司。

高校主楼空调系统节能改造的合同能源管理项目节能总收益计算公式如下：

$$R=\frac{\varepsilon\alpha\sum Q}{\mathrm{SEER_P}} \tag{7.18}$$

式中　R——项目节能总收益，元；

ε——项目节能率，%；

α——现行商业电价，元/(kW·h)。

(2)回收固定资产余值。

固定资产余值是指固定资产的账面净值，即固定资产原值减去累计折旧，表示的是固定资产报废后可回收的残值，因此，该现金流入发生在项目的最后时间点。

固定资产折旧是指一定时期内为弥补固定资产损耗，按照规定的固定资产折旧率提取的固定资产折旧，它反映了固定资产在当期生产中的转移价值。固定资产折旧是从销售收入中对已经发生的固定资产投资额的定期计提，计提折旧的主要目的是保证再生产能力的积累。年折旧额计算公式如下：

$$\text{年折旧额}=\frac{\text{固定资产原值}-\text{预计净残值}}{\text{折旧年限}}=\text{固定资产原值}\times\text{年折旧率} \tag{7.19}$$

折旧实质应包含于投资总支出内，发生在固定资产形成期间，即为投资期间的现金流出，因此，项目运营期间的折旧不属于现金流量的范畴。

根据《关于加快推行合同能源管理促进节能服务产业发展的意见》，节能服务公司在分享型合同能源管理项目中投入资本形成固定资产，项目分享期内计提折旧；分享期结束后，固定资产作为赠予无偿转让给用能单位，不再计提折旧。实施分享型合同能源管理项目的高校在分享期初没有进行投资，分享期结束后接受节能服务公司的无偿转让设施，其后年份不再计提该设施的折旧。回收的固定资产残值为确定的现金流入，但是在合同能源管理项目分享期结束后，固定资产将作为赠予无偿转让给高校，不再计提折旧。因此，对于节能服务公司来说，回收固定资产余值的现金流入项与固定资产余值移交高校的现金流出项抵消。

(3)回收流动资金。

流动资金是指节能服务公司购置劳动对象和支付职工劳动报酬和其他生产周转费用所垫支的资金，是节能服务公司进行生产和经营活动的必要条件。流动资金用于购买原材料、燃料和备品、备件等，形成生产储备，然后投入生产，经过加工制成产品，通过销售回收货币。

流动资金通过自有资金和借贷资金组合而成，在分享期初进行投资，分享期结束后进行回收。因此，该现金流入也发生在项目的最后时间点。

2)现金流出

(1)自有资金。

节能服务公司负责合同能源管理项目的所有支出。因此，项目资金投入由节能服务公司自有资金和银行借贷资金两部分组成。其中，节能服务公司自有资金主要用于建设投资和流动资金投入。建设投资中的自有资金投入发生在建设期；流动资金中的自有资金投入发生在分享期初。

(2)固定资产余值移交。

根据《关于加快推行合同能源管理促进节能服务产业发展的意见》，分享期结束后，固定资产作为赠予无偿转让给高校。因此，固定资产余值移交的现金流出等于回收固定资产余值的现金流入。

(3)运行管理成本。

项目建设结束后，节能服务公司负责项目运行管理和用能设备维护等工作，以确保系统的正常运行。因此，在分享期内，节能服务公司负责每年的运行管理成本支出。

(4)银行借贷偿还。

项目资金投入中的银行借贷偿还分为本金偿还和利息两部分。借贷资金主要分为长期借款和流动资金借款两类。其中,长期借款用于项目建设和经营管理,本金需要在分享期每年都进行偿还,利息需要在建设期和分享期每年支付;流动资金主要用于项目经营管理,在分享期结束时进行偿还;利息需要在分享期每年支付。

(5)税金。

税金是指节能服务公司按国家规定缴纳的税收,是国家为实现其职能,凭借政治权力,按照法律规定强制地、无偿地取得财政收入的一种形式,具有无偿性、强制性和固定性的形式特征。

根据《关于加快推行合同能源管理促进节能服务产业发展的意见》,节能服务公司实施合同能源管理项目,取得的营业税应税收入,暂免征收营业税,对其无偿转让给高校的因实施合同能源管理项目形成的资产,免征增值税;节能服务公司实施合同能源管理项目,符合税法有关规定的,自项目取得第一笔生产经营收入所属纳税年度起,第一年至第三年免征企业所得税,第四年至第六年减半征收企业所得税;高校按照能源管理合同实际支付给节能服务公司的合理支出,均可以在计算当期应纳税所得额时扣除,不再区分服务费用和资产价款进行税务处理;能源管理合同期满后,节能服务公司转让给高校的因实施合同能源管理项目形成的资产,按折旧或摊销期满的资产进行税务处理;节能服务公司与高校办理上述资产的权属转移时,也不再另行计入节能服务公司的收入。因此,节能服务公司仅需要缴纳企业所得税等税金。由于不存在增值税、消费税、营业税,所以对应也不需要再缴纳城建税及教育税附加。

企业所得税是我国境内的企业和经营单位的生产经营所得和其他所得征收的一种所得税。《中华人民共和国企业所得税法》规定,企业所得税的税率为25%的比例税率,内资企业和外资企业一致,国家需要重点扶持的高新技术企业为 15%，小型微利企业为 20%，非居民企业为 20%。节能服务公司第一年至第三年免征企业所得税；第三年至第六年企业所得税的计算公式如下：

$$企业应纳所得税额 = \frac{1}{2} \times (当期应纳税所得额 \times 适用税率) \quad (7.20)$$

其中，当期应纳税所得额的计算公式如下：

$$当期应纳税所得额 = 收入总额 - 准予扣除项目金额 \quad (7.21)$$

第六年以后企业应纳所得税额的计算公式如下：

$$企业应纳所得税额 = 当期应纳税所得额 \times 适用税率 \quad (7.22)$$

综上所述，根据资金时间价值原理，得到合同能源管理项目动态现金流量表，如表 7.4 所示。假定项目建设期为 1 年，分享期为 6 年，其中时间 0 为建设期，时间 1 ~ 6 为分享期。建成达产后，节能服务公司每年分享的节能收益比例取 80%，即节能收益为 $A= 0.8R$；固定资产余值为 B；建设投资中的自有资金为 C；流动资金中的自有资金为 D；经营成本为 E；长期借款本金为 F；流动资金借款本金为 G；长期借款利息为 H；流动资金借款利息为 I；企业所得税为 J；基准收益率为 i_c。

表 7.4　合同能源管理项目动态现金流量表

现金	项目	0	1	2	3	4	5	6
流入	分享节能收益		$A(1+i_c)^{-1}$	$A(1+i_c)^{-2}$	$A(1+i_c)^{-3}$	$A(1+i_c)^{-4}$	$A(1+i_c)^{-5}$	$A(1+i_c)^{-6}$
	回收固定资产余值							$B(1+i_c)^{-6}$
	回收流动资金							$(D+G)(1+i_c)^{-6}$

续表

现金	项目	0	1	2	3	4	5	6
流出	建设投资自有资金	C						
	流动资金自有资金		$D(1+i_c)^{-1}$					
	固定资产余值移交							$B(1+i_c)^{-6}$
	运行管理成本		$E(1+i_c)^{-1}$	$E(1+i_c)^{-2}$	$E(1+i_c)^{-3}$	$E(1+i_c)^{-4}$	$E(1+i_c)^{-5}$	$E(1+i_c)^{-6}$
	长期借款本金偿还		$F_1(1+i_c)^{-1}$	$F_2(1+i_c)^{-2}$	$F_3(1+i_c)^{-3}$	$F_4(1+i_c)^{-4}$	$F_5(1+i_c)^{-5}$	$F_6(1+i_c)^{-6}$
	流动资金借款本金偿还							$G(1+i_c)^{-6}$
	长期借贷利息	H_0	$H_1(1+i_c)^{-1}$	$H_2(1+i_c)^{-2}$	$H_3(1+i_c)^{-3}$	$H_4(1+i_c)^{-4}$	$H_5(1+i_c)^{-5}$	$H_6(1+i_c)^{-6}$
	流动资金利息		$I_1(1+i_c)^{-1}$	$I_2(1+i_c)^{-2}$	$I_3(1+i_c)^{-3}$	$I_4(1+i_c)^{-4}$	$I_5(1+i_c)^{-5}$	$I_6(1+i_c)^{-6}$
	企业所得税		$J_1(1+i_c)^{-1}$	$J_2(1+i_c)^{-2}$	$J_3(1+i_c)^{-3}$	$J_4(1+i_c)^{-4}$	$J_5(1+i_c)^{-5}$	$J_6(1+i_c)^{-6}$

其中，根据建设期和分享期各年度现金流量净现值，得到项目累计现金流量净现值，评价模型如下：

$$\begin{aligned}\sum \mathrm{NPV} = &(A_{-} D - E - F_1 - H_1 - I_1 - J_1)(1 + i_c)^{-1} + \\ &(A_{-} E - F_2 - H_2 - I_2 - J_2)(1 + i_c)^{-2} + \\ &(A_{-} E - F_3 - H_3 - I_3 - J_3)(1 + i_c)^{-3} + \\ &(A_{-} E - F_4 - H_4 - I_4 - J_4)(1 + i_c)^{-4} + \\ &(A_{-} E - F_5 - H_5 - I_5 - J_5)(1 + i_c)^{-5} +\end{aligned}$$

$$(A_{+} D - E - F_6 - H_6 - I_6 - J_6)(1 + i_c)^{-6} - (C + H_0) \qquad (7.23)$$

如果项目累计现金流量净现值 $\sum$ NPV≥0,那么该项目的实施可以按时回收投资资金,且取得比既定收益率更高的收益。根据节能服务公司的意愿,当 $\sum$ NPV 达到一定程度时,该节能方案将适应于合同能源管理模式实施。反之,方案不能达到既定的收益率甚至不能回收投资资金,即不适宜采取合同能源管理模式。

7.4 高校主楼节能运行的合同能源管理适应性分项测评

7.4.1 系统节能能效分析

主教学楼节能改造前,2009 年 7 月 28 日对空调系统进行能效测试,室外空气平均温度为 24 ℃。主教学楼空调系统连续 4.5 h 稳定运行的冷源系统能效测试数据如表 7.5 所示。

表 7.5 冷源系统能效测试

参 数	结 果	参 数	结 果
冷冻水回水平均温度/℃	12.7	系统制冷量/(kW·h)	9 172.8
冷冻水供水平均温度℃	9.9	冷冻水泵耗电量/(kW·h)	412.2
冷却水回水平均温度/℃	30.3	冷却水泵耗电量/(kW·h)	762.7
冷却水供水平均温度/℃	37.2	冷却塔耗电量/(kW·h)	346.5
冷冻水侧进水平均流量/($m^3 \cdot h^{-1}$)	624	机组耗电量/(kW·h)	2 074.5
冷却水侧进水平均流量/($m^3 \cdot h^{-1}$)	682	系统耗电量/(kW·h)	3 595.9
系统能效比	2.55		

通过主教学楼空调系统进行节能改造,并于 2011 年 7 月 31 日对主教学楼

空调系统进行能效测评分析。31 日 10:00—17:00 室外逐时温、湿度变化如图 7.3 所示。室外温度范围为 29.8—40.5 ℃,相对湿度范围为 43% ~79%;室外平均温度为 35.1℃,平均相对湿度为 59%。

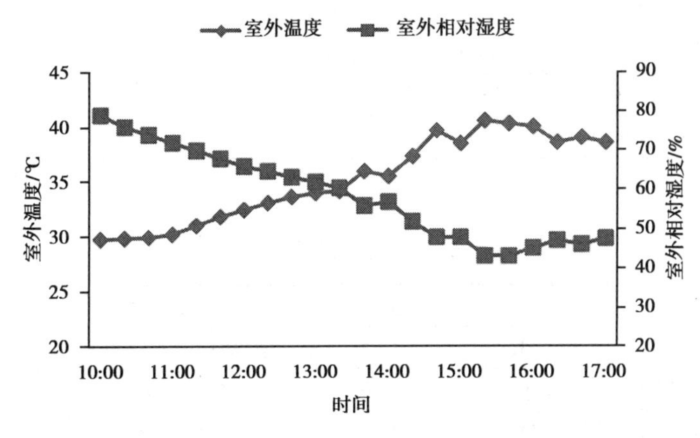

图 7.3 10:00—17:00 室外气象参数

对主教学楼典型房间室内空气状态参数进行检测,选取 10 个不同楼层及不同朝向房间进行检测,检测结果如图 7.4 所示。室内平均温度为 26.7 ℃,室内平均相对湿度为 69.7%。

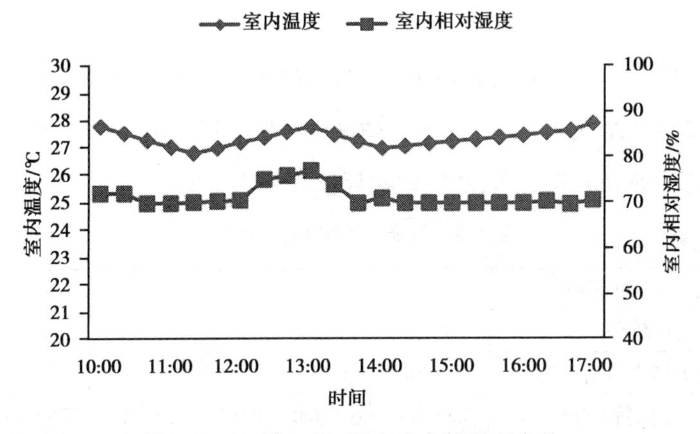

图 7.4 10:00—17:00 室内空气状态参数

根据对 10:00—12:00 及 14:00—17:00 两个稳定运行时段测试数据进行统计分析,冷水机组性能如表 7.6 所示,冷源系统性能如表 7.7 所示。

表 7.6 冷水机组性能测试

参 数	结 果	参 数	结 果
冷冻水回水平均温度/℃	11.9	冷冻水侧进水平均流量/($m^3 \cdot h^{-1}$)	322.8
冷冻水供水平均温度℃	7.0	冷却水侧进水平均流量/($m^3 \cdot h^{-1}$)	580
冷却水回水平均温度/℃	30.1	冷水机组平均输入功率/kW	428.6
冷却水供水平均温度/℃	33.4	冷水机组平均制冷量/kW · h	1 845.3
冷水机组性能系数	4.30		

表 7.7 冷源系统能效测试

参 数	结 果	参 数	结 果
冷冻水回水平均温度/℃	11.9	系统制冷量/(kW · h)	9 088.7
冷冻水供水平均温度℃	7.0	冷冻水泵耗电量/(kW · h)	160.1
冷却水回水平均温度/℃	30.1	冷却水泵耗电量/(kW · h)	394.5
冷却水供水平均温度/℃	33.4	冷却塔耗电量/(kW · h)	116.5
冷冻水侧进水平均流量/($m^3 \cdot h^{-1}$)	322.8	机组耗电量/(kW · h)	2 093
冷却水侧进水平均流量/($m^3 \cdot h^{-1}$)	580	系统耗电量/(kW · h)	2 764.1
系统能效比	3.29		

主教学楼冷源系统能效达到 3.29,明显高于节能改造前系统能效和《公共建筑节能改造技术规程》(JGJ 176—2009)中规定的限值。主教学楼空调系统节能效益评估如表 7.8 所示,环境效益评估如表 7.9 所示。

表 7.8 空调系统节能效益评估

温频段中心温度/℃	27	29	31	33	35	37
温频数/h	638	429	291	193	105	17
温频段平均冷负荷/kW	1 386	1 484	1 582	1 680	1 778	1 876
温频段累计冷负荷/(kW · h)	884 268	636 636	460 362	324 240	186 690	31 892
供冷季累计冷负荷/(kW · h)	2 524 088					
全年常规能源替代量/tce	88.33					
系统节能率/%	24					

表 7.9　环境效益评估

项目	标煤年节约量/t	CO_2 年减排量/t	SO_2 年减排量/t	粉尘年减排量/t
数值	88.33	218.17	1.77	0.88

7.4.2　动态财务效益分析

通过对主教学楼空调系统实施节能改造,达到空调系统节能运行的目的。实施节能改造时,通过现场节能检测与诊断,完成节能改造设计,进行节能改造现场施工,节能改造实施前需要对各部分工程造价需求进行预算。节能改造设备购置和现场施工费用中,水泵变频改造费用如表 7.10 所示,冷却塔变频改造费用如表 7.11 所示,控制系统改造费用如表 7.12 所示,空调水系统改造费用如表 7.13 所示,空调风系统改造费用如表 7.14 所示。

表 7.10　水泵变频改造费用

序号	名　称	单位	数量	单价/元	总价/元	人工费单价/元	人工费复价/元
1	变频器 22 kW	个	1	15 000	15 000	110	110
2	变频器 55 kW	个	2	32 000	64 000	110	220
3	高精度传感器	个	10	1 600	16 000	10	100
4	DDC 控制器	台	1	30 000	30 000	35	35
5	DDC 控制器检测调试	项	1	18 000	18 000	1 100	1 100
6	DDC 控制系统材料	项	1	27 000	27 000	2 000	2 000
7	小计	—	—	—	170 000	—	3 565

表 7.11　冷却塔变频改造费用

序号	名　称	单位	数量	单价/元	总价/元	人工费单价/元	人工费复价/元
1	变频器 11 kW	个	1	10 000	10 000	110	110
2	变频器 22 kW	个	3	15 000	45 000	110	330

续表

序号	名　称	单位	数量	单价/元	总价/元	人工费单价/元	人工费复价/元
3	高精度传感器	个	10	1 100	11 000	10	100
4	DDC 控制器	个	1	30 000	30 000	35	35
5	DDC 控制器检测调试	项	1	4 000	4 000	1 100	1 100
6	DDC 控制系统材料	项	1	6 000	6 000	2 000	2 000
7	小计	—	—	—	106 000	—	3 675

表 7.12　控制系统改造费用

序号	名　称	单位	数量	单价/元	总价/元	备　注
1	B3 模糊控制器	台	1	5 000	5 000	—
2	B3 模糊控制系统	套	1	30 000	30 000	含材料及人工费用
3	小　计	—	—	—	35 000	—

表 7.13　空调水系统改造费用

序号	名　称	单位	数量	单价/元	总价/元	人工费单价/元	人工费复价/元	备　注
1	平衡阀 DN300	个	1	19 500	19 500	840	840	塔楼主回水管
2	平衡阀 DN250	个	1	17 000	17 000	750	750	裙楼主回水管
3	平衡阀 DN125	个	1	13 500	13 500	570	570	PAU-B2-1 系统主回水管
4	平衡阀 DN150	个	1	15 000	15 000	660	660	FAF-B2-2 后分支回水管
5	平衡阀 DN100	个	1	12 000	12 000	520	520	B1 水平主回水管
6	平衡阀 DN80	个	1	9 000	9 000	450	450	1F 裙楼水平主回水管
7	法兰盘 DN300	副	1	600	600	90	90	集水器塔楼主回水管
8	法兰盘 DN250	副	1	400	400	72	72	集水器裙楼主回水管
9	法兰盘 DN125	副	1	80	80	53	53	PAU-B2-1 系统主回水管

续表

序号	名　称	单位	数量	单价/元	总价/元	人工费单价/元	人工费复价/元	备　注
10	法兰盘 DN150	副	1	120	120	60	60	FAF-B2-2 后分支回水管
11	法兰盘 DN100	副	1	50	50	45	45	B1 水平主回水管
12	法兰盘 DN80	副	1	40	40	38	38	1F 裙楼水平主回水管
13	管道检修	项	1	40 000	40 000	—	—	—
14	辅材	项	1	10 000	10 000	—	—	—
15	小计	—	—	—	137 290	—	4 148	—

表 7.14　空调风系统改造费用

序　号	名　称	单　位	数　量	单价/元	总价/元
1	风管漏风检修	项	1	20 000	20 000
2	控制线路检修	项	1	20 000	20 000
3	小计	—	—	—	40 000

综上所述，主教学楼节能改造工程总造价预算统计如表 7.15 所示。根据主教学楼节能改造及实际运行效果测评，空调系统能效比达到 3.29，节能率达到 24%，相对于节能改造前全年常规能源替代量为 88.33 tce，折合年节电量为 244 073 kW·h。按照现行商业电价 0.86 元/(kW·h)，主教学楼实施节能改造后每年的节能效益为 209 903 元。对该项目实施合同能源管理，项目建设期为 1 年，分享期为 6 年，其中时间 0 为建设期，时间 1 ~6 为分享期。采用节能效益分享型，节能服务公司每年分享的节能收益比例取 80%，即节能收益为 $A=0.8R$，内部收益率为 5 年以上银行贷款利率 7.05%。项目总投资 499 678 元，其中建设自有资金 300 000 元，其他 199 678 元通过银行借贷筹集。项目年运行管理成本 10 000 元，流动资金 15 000 元，项目动态现金流量如表 7.16 所示。

表 7.15　节能改造预算统计

编　号	项　目	金额/元
1	水泵变频改造部分	173 565
2	冷却塔变频改造部分	109 675
3	控制系统改造部分	35 000
4	空调水系统改造部分	141 438
5	空调风系统改造部分	40 000
6	工程总造价	499 678

表 7.16　项目动态现金流量表

现金	项　目	0	1	2	3	4	5	6	合　计
流入	分享节能收益	—	156 863	146 533	136 882	127 868	119 447	111 580	799 173
	回收固定资产余值	—	—	—	—	—	—	13 290	13 290
	回收流动资金	—	—	—	—	—	—	9 967	9 967
流出	建设投资自有资金	300 000	—	—	—	—	—	—	300 000
	流动资金自有资金	—	9 341	—	—	—	—	—	9 341
	固定资产余值移交	—	—	—	—	—	—	13 290	13 290
	运行管理成本	—	9 341	8 726	8 152	7 615	7 113	6 645	47 592
	长期借款本金偿还	—	31 088	29 041	27 128	25 341	23 673	22 114	158 385
	流动资金借款本金偿还	—	—	—	—	—	—	3 322	3 322
	长期借贷利息	7 039	13 150	10 237	7 650	5 360	3 338	1 559	48 333
	流动资金利息	—	329	308	287	268	251	234	1 677
	企业所得税	—	—	—	—	8 723	7 895	7 140	23 758

采用动态财务效益分析，主教学楼空调系统节能改造项目实施合同能源管理的现金总流入净现值 822 430 元，现金总流出净现值 605 698 元，总现金流量净现值 216 732 元，即该项目若实施合同能源管理可为节能服务公司产生的财

务效益为216 732元。

如果仅计算静态现金流量,项目静态现金流量如表7.17所示。静态现金总流入1 042 532元,现金总流出687 112元,总现金流量355 420元。如果不考虑资金的时间价值而采取静态财务效益分析,则财务净收益将会增加39%,从而对合同能源管理项目实施产生一定的误导作用。

表7.17 项目静态现金流量表

现金	项 目	0	1	2	3	4	5	6	合 计
流入	分享节能收益	—	167 922	167 922	167 922	167 922	167 922	167 922	1 007 532
	回收固定资产余值	—	—	—	—	—	—	20 000	20 000
	回收流动资金	—	—	—	—	—	—	15 000	15 000
流出	建设投资自有资金	300 000	—	—	—	—	—	—	300 000
	流动资金自有资金	—	10 000	—	—	—	—	—	10 000
	固定资产余值移交	—	—	—	—	—	—	20 000	20 000
	运行管理成本	—	10 000	10 000	10 000	10 000	10 000	10 000	60 000
	长期借款本金偿还	—	33 280	33 280	33 280	33 280	33 280	33 280	199 680
	流动资金借款本金偿还	—	—	—	—	—	—	5 000	5 000
	长期借贷利息	7 039	14 077	11 731	9 385	7 039	4 692	2 346	56 309
	流动资金利息	—	353	353	353	353	353	353	2 118
	企业所得税	—	—	—	—	11 650	11 335	11 020	34 005

根据《合同能源管理项目财政奖励资金管理暂行办法》,中央财政将安排专项资金,对合同能源管理项目给予适当奖励。申请财政奖励资金的合同能源管理项目应保证节能服务公司投资比例达到70%以上,并在合同中约定节能效益分享方式;单个项目年节能量在100~10 000 tec,其中,工业项目年节能量在500 tec以上;用能计量装置齐备,具备完善的能源统计和管理制度,可计量和监测实际节能量。财政部对合同能源管理项目按年节能量和规定标准给予一次性奖励,奖励资金主要用于合同能源管理项目及节能服务产业发展的相关支

出。奖励资金由中央财政和省级财政共同负担,其中,中央财政奖励标准为240元/tec,省级财政奖励标准为不低于60元/tec。同时,财政部安排一定的工作经费,支持地方有关部门及中央有关单位开展与合同能源管理有关的项目评审、审核备案、监督检查等工作。

申请财政奖励资金的节能服务公司应具有独立的法人资格,以节能诊断、设计、改造、运营等节能服务为主营业务,并通过国家发展改革委、财政部审核备案;注册资金500万元以上,具有较强的融资能力;经营状况和信用记录良好,财务管理制度健全;拥有匹配的专职技术人员和合同能源管理人才,具有保障项目顺利实施和稳定运行的能力。符合申请财政奖励要求的合同能源管理项目,待项目完工后,节能服务公司向项目所在地省级财政部门、节能主管部门提出财政奖励资金申请。省级节能主管部门会同财政部门组织对申报项目和合同进行审核,并确认项目年节能量。省级财政部门根据审核结果,将中央财政奖励资金和省级财政配套奖励资金拨付给节能服务公司。因此,财政资金奖励作为现金流项,发生在项目的最后时间点。

如果不考虑资金的时间价值而采取静态财务效益分析,财务净收益将会夸大39%,从而对合同能源管理项目的适应性产生一定的误导作用。与此类似,作为衡量节能改造项目的重要经济指标,静态投资回收期因未考虑到年收益的变动情况仍然存在较大误差。

对于节能改造和运行经济项目,通常还考虑将动态投资回收期作为经济效益评价指标。动态投资回收期又称为折现回收期,因考虑资金的时间价值,比动态投资回收期更能反映项目的实际经济效益,动态投资回收期的计算公式如下:

$$n' = \lg M/(M - Ki_c)/\lg(1 + i_c) \tag{7.24}$$

式中 n'——动态投资回收期,年;

M——节能年收益,元/年;

K——节能总投资,元;

i_c——内部收益率,%。

以主教学楼为例,节能改造建设总投资 499 678 元,实施节能改造每年节能效益为 209 903 元,动态投资回收期为 2.7 年。不考虑资金的时间价值,则静态投资回收期为 2.38 年。动态投资回收期相对静态投资回收期长,但是误差范围相对于财务现金流量分析要小得多,这是由于投资回收期没有考虑节能改造后项目的运行管理、借贷及税收等多项因素的影响。因此,仅根据项目投资回收期,甚至动态投资回收期都难以对高校主楼的合同能源管理项目实施提供正确的财务评价标准。实施合同能源管理的项目应根据所需各项资金,按照项目实施的实际使用情况进行动态财务效益评价。

当采取节能效益分享型合同能源管理实施节能改造项目时,为了取得既定的收益,此时的节能效益分享比例可以进行变更,亦可设定分享效益比例的方程,按照预期的总收益目标求解。最终可以结合项目投资效益及节能服务公司的选择标准等条件来选择恰当的分享比例和分享期。为研究动态财务净现值对分享比例、节能率和能源价格的敏感程度,将动态财务模型表示如下:

$$\begin{aligned}\sum NPV = &[(1+i_c)^{-1}+(1+i_c)^{-2}+(1+i_c)^{-3}+(1+i_c)^{-4}+(1+i_c)^{-5}+(1+i_c)^{-6}]\\ &\frac{\sum Q\gamma\varepsilon\alpha}{\mathrm{SEER_p}}-[C+H_0+(D+E+F_1+H_1+I_1+J_1)(1+i_c)^{-1}+\\ &(E+F_2+H_2+I_2+J_2)(1+i_c)^{-2}+(E+F_3+H_3+I_3+J_3)(1+i_c)^{-3}+\\ &(E+F_4+H_4+I_4+J_4)(1+i_c)^{-4}+(E+F_5+H_5+I_5+J_5)(1+i_c)^{-5}+\\ &(-D+E+F_6+H_6+I_6+J_6)(1+i_c)^{-6}]\end{aligned} \tag{7.25}$$

式中 γ——项目节能效益分项比例;

ε——项目节能率;

α——现行商业电价,元/(kW·h)。

根据主教学楼节能改造项目,得到财务净现值对节能效益分享比例、节能率及能源价格变化的敏感性关系,如图 7.5—图 7.7 所示。

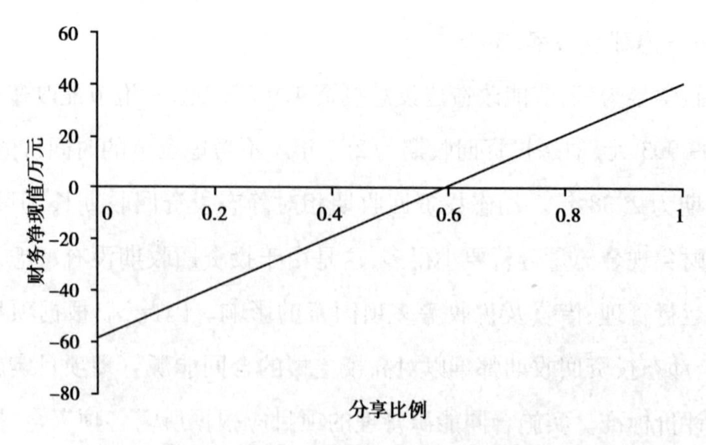

图 7.5　财务净现值与分享比例的关系

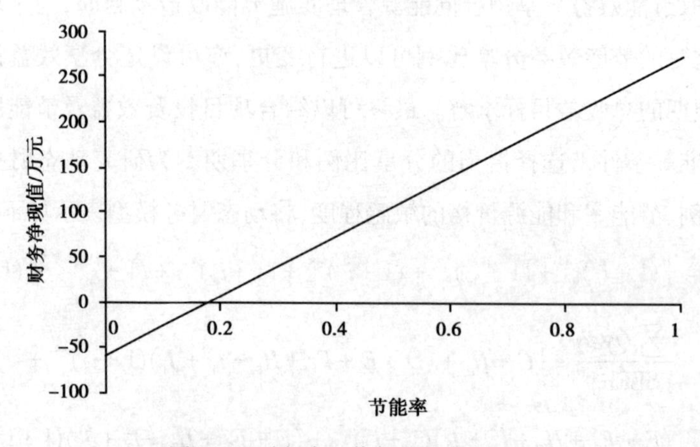

图 7.6　财务净现值与节能率的关系

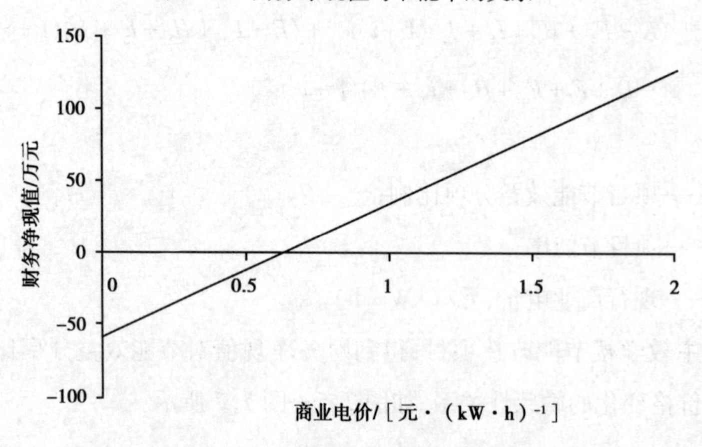

图 7.7　财务净现值与能源价格的关系

财务净现值与节能效益分享比例、节能率及能源价格均为正比关系，随着节能效益分享比例、节能率及能源价格的升高而增加。当项目的财务净现值大于零时，项目本身开始盈利。采取单因素分析时，该项目的节能效益分享比例达到58.7%、节能率达到17.6%、商业电价达到0.63元/(kW·h)时为项目盈利的转折点。其中，节能率关系图中直线斜率为330.6，远大于与分享比例关系图中的99.2及与商业电价关系图中的92.3，即节能改造项目的节能率对合同能源管理项目的最终经济效益影响最大，分享比例其次，最后为能源价格。因此，实施合同能源管理项目，应加大对高新节能技术的投入，尽力增大项目节能率，然后确定适宜的分享比例，并及时通过分散等方式防范因能源价格等外部因素导致节能收益降低的风险。

7.5 合同能源管理适应性综合评价体系

7.5.1 二级模糊综合评价

合同能源管理项目的适应性总体评价，应该在考虑其节能效益的同时，量化考虑环境效益，并综合动态经济性，建立合理的评价体系，从而指导方案决策、改造设计和运行管理。

合同能源管理项目的适应性评价指标主要包括节能效益、环境效益和经济效益，指标往往会相互作用。因此，各个指标之间存在大量的模糊概念，采用模糊综合评价可以实现定量化处理。模糊综合评价是以模糊数学为理论基础，应用模糊关系合成原理，将一些边界不清、不易定量的因素定量化，进行综合评价的一种方法。

根据合同能源管理项目的实际特点，采用二级模糊综合评价的方法，具体评价指标如表7.18所示。

表 7.18 合同能源管理项目的评价指标

一级评价指标	二级评价指标
节能效益	节能率
环境效益	CO_2 减排量
	SO_2 减排量
	粉尘减排量
经济效益	财务净现值

评价过程中,应首先确定评价对象因素,表达式如下:

$$u = \{u_1, u_2, \cdots, u_m\} \tag{7.26}$$

其次,确定评价等级因素,表达式如下:

$$v = \{v_1, v_2, \cdots, v_n\} \tag{7.27}$$

评价一般分为 5 个等级,即优、良、中、差、劣,对应取值如表 7.19 所示。

表 7.19 评价分级标准

等 级	优	良	中	差	劣
取 值	0.7~0.9	0.5~0.7	0.3~0.5	0.1~0.3	<0.1

构建了评价等级标准后,对评价对象$\{u_i\}$进行量化,确定从单因素分析被评价对象对等级模糊子集的隶属度$(R|u_i)$,得到模糊关系矩阵 R,即:

$$R = \begin{bmatrix} R \mid u_1 \\ R \mid u_2 \\ \vdots \\ R \mid u_n \end{bmatrix} = \begin{bmatrix} r_{11} & \cdots & r_{1m} \\ \vdots & & \vdots \\ r_{n1} & \cdots & r_{nm} \end{bmatrix} \tag{7.28}$$

其中,元素 r_{ij} 表示评价对象因素 u_i 对 v_j 等级模糊子集的隶属度。

然后,确定评价因素权向量 A,其元素 a_i 本质是因素 u_i 对模糊子集的隶属度,应满足 $\sum a_i = 1, a_i \geqslant 0, i = 1,2,\cdots,n$。

确定在模糊评价中采用何种运算方法将被评价对象与指标集的模糊关系映射到评价集 B，即

$$B = A \cdot R = (a_1, a_2, \cdots, a_n) \cdot \begin{bmatrix} r_{11} & \cdots & r_{1m} \\ \vdots & & \vdots \\ r_{n1} & \cdots & r_{nm} \end{bmatrix} = (b_1, b_2, \cdots, b_m) \quad (7.29)$$

最后，根据定义，可以计算出评价结果。

其中，权重系数的确定是综合评价体系的关键，通常采用层次分析法。构建判断矩阵 S，用以反映对各元素相对重要性的认识，通常采用 1—5 及其倒数的标度方式，如表 7.20 所示。

表 7.20　判断矩阵取值方式

标　度	意　义
1	指标 u_i 与 u_j 同样重要
2	判断等级的中值
3	指标 u_i 比 u_j 稍微重要
4	判断等级的中值
5	指标 u_i 比 u_j 明显重要
倒数	$u_j = 1/u_i$

判断矩阵具体表达式如下：

$$S = \begin{bmatrix} 1 & \beta_{12} & \cdots & \beta_{1n} \\ \frac{1}{\beta_{12}} & 1 & \cdots & \beta_{2n} \\ \vdots & & & \vdots \\ \frac{1}{\beta_{1n}} & \frac{1}{\beta_{2n}} & \cdots & 1 \end{bmatrix} \quad (7.30)$$

式中，β 为根据表 7.20 得到的判断矩阵标度值。

计算判断矩阵 S 的最大特征值 λ_{max} 及其对应特征向量 A,即权系数的分配向量。

为判断矩阵的一致性,需要计算一致性指标 CI、平均随机一致性指标 RI。其中,一致性指标 CI 的计算公式如下:

$$\mathrm{CI}=\frac{\lambda_{max}-n}{n-1} \tag{7.31}$$

式中　n——矩阵阶数。

平均随机一致性指标 RI 取值如表 7.21 所示。当随机一致性 $\mathrm{CR}=\mathrm{CI}/\mathrm{RI}<0.1$ 时,层次分析结果具有满意的一致性,即权重系数分配合理;否则需要调整权重系数值进行重新计算。

表 7.21　平均随机一致性指标 *RI* 的取值方式

n	2	3	4	5	6	7	8	9
RI	0	0.58	0.9	1.12	1.24	1.32	1.41	1.45

7.5.2　项目综合评价体系

合同能源管理项目的适应性评价指标主要包括节能效益、环境效益和经济效益。通过问卷调查和专家打分,认为项目的评价指标重要性程度为:经济效益>节能效益>环境效益;环境效益的重要程度为:CO_2 减排量>SO_2 减排量>粉尘减排量。因此,判断矩阵 S 表达式如下:

$$S=\begin{bmatrix}1 & 3 & 5\\ 1/3 & 1 & 3\\ 1/5 & 1/3 & 1\end{bmatrix} \tag{7.32}$$

一级判断矩阵 S 的最大特征值 λ_{max} 为 3.038 5,一致性指标 CI 为 0.019 25,平均随机一致性指标 RI 为 0.58,随机一致性比率 CR 为 0.033 2<0.1,认为结果具有一定的满意性。最大特征值 λ_{max} 对应的特征向量进行归一化处理得到

一级权向量 A_1 为[0.637 0　0.258 3　0.104 7]。

同理得到系统二级权重指标经济效益二级权向量为[1]；节能效益二级权向量为[1]；环境效益二级权重指标为[0.637 0　0.258 3　0.104 7]。

通过专家打分和问卷调查，得到二级模糊矩阵。其中，经济效益二级模糊关系矩阵 R_1 如下：

$$R_1 = [0.7 \quad 0.3 \quad 0 \quad 0 \quad 0]$$

节能效益二级模糊关系矩阵 R_2 如下：

$$R_2 = [0.7 \quad 0.2 \quad 0.1 \quad 0 \quad 0]$$

环境效益二级模糊关系矩阵 R_3 如下：

$$R_3 = \begin{bmatrix} 0.5 & 0.3 & 0.1 & 0.1 & 0 \\ 0.1 & 0.3 & 0.4 & 0.2 & 0 \\ 0 & 0.1 & 0.3 & 0.5 & 0.1 \end{bmatrix}$$

因此，经济效益二级评价集 B_1 的计算过程如下：

$$B_1 = [1] \cdot [0.7 \quad 0.3 \quad 0 \quad 0 \quad 0] = [0.7 \quad 0.3 \quad 0 \quad 0 \quad 0]$$

节能效益二级评价集 B_2 的计算过程如下：

$$B_2 = [1] \cdot [0.7 \quad 0.2 \quad 0.1 \quad 0 \quad 0] = [0.7 \quad 0.2 \quad 0.1 \quad 0 \quad 0]$$

环境效益二级评价集 B_3 的计算过程如下：

$$B_3 = [0.637\,0 \quad 0.258\,3 \quad 0.104\,7] \cdot \begin{bmatrix} 0.5 & 0.3 & 0.1 & 0.1 & 0 \\ 0.1 & 0.3 & 0.4 & 0.2 & 0.1 \\ 0 & 0.1 & 0.3 & 0.5 & 0.1 \end{bmatrix}$$

$$= [0.344\,3 \quad 0.279\,1 \quad 0.198\,4 \quad 0.167\,7 \quad 0.010\,5]$$

归一化处理，得到 B_3=[0.335 6　0.272 1　0.193 4　0.1635　0.035 4]。

最后，系统一级综合评价集 B 的计算过程如下：

$$B = [0.637\,0 \quad 0.258\,3 \quad 0.104\,7] \cdot$$

$$\begin{bmatrix} 0.7 & 0.3 & 0 & 0 & 0 \\ 0.7 & 0.2 & 0.1 & 0 & 0 \\ 0.344\,3 & 0.279\,1 & 0.198\,4 & 0.167\,7 & 0.010\,5 \end{bmatrix}$$

$$= [0.6627 \quad 0.2719 \quad 0.0466 \quad 0.0175 \quad 0.0011]$$

归一化处理,得到 $B=[0.6627 \quad 0.2719 \quad 0.0466 \quad 0.0175 \quad 0.0011]$。

二级评价指标经济效益评价结果:0.7×0.9+0.3×0.7=0.84;

节能效益评价结果:0.7×0.9+0.2×0.7+0.1×0.5=0.82;

环境效益评价结果:0.3443×0.9+0.2791×0.7+0.1984×0.5+0.1677×0.3+0.0105×0.1=0.6558。

一级综合评价结果:0.6627×0.9+0.2719×0.7+0.0466×0.5+0.0175×0.3+0.0011×0.1=0.8154,具体评价等级如表7.22所示。

表7.22 系统评价等级

评价内容	一级	二级		
		经济效益	节能效益	环境效益
评价结果	0.815 4	0.840 0	0.820 0	0.655 8
评价等级	优	优	优	良

通过评价结果可以看出,经济效益和节能效益为合同能源管理项目适应性的重要影响因素,是能够获得足够的动态财务净现值,且节能效益明显的项目。通过合同能源管理模式实施高校主楼空调系统节能改造及运行管理才是可行的,其环境效益也是良好的。

项目经济效益评价结果为优级别,且得分最高,说明对于节能服务公司来说,按时收回项目投资,取得丰厚的经济效益相比项目本身的节能效益和环境效益更重要,这也表明建立合同能源管理项目动态财务模型,进行动态经济效益分析的重要性。项目节能效益评价结果也为优级别,得分略低于经济效益,说明项目本身的节能效益也是项目实施成败的关键,而设计方案和运行管理策略则是合同能源管理项目节能效益的技术保障。环境效益受到节能效益影响和制约,重要性其次,评价结果为良。

合同能源管理项目的综合评价结果为优级别,其原因在于项目经济效益、节能效益和环境效益是相互联系、相互制约的，经济效益和节能效益直接影响环境效益的大小。结果表明，通过合同能源管理模式实施高校主楼节能改造和优化运行管理是可行的。因此，合同能源管理的适应性综合评价更能全面指导高校主楼节能改造及运行的方案决策。

7.6 合同能源管理的促进体系

7.6.1 外部环境推动

高校主楼空调系统的节能运行不仅能产生一定的社会效益，还能带动建筑节能相关产业发展。然而，社会尽管因此获利，却并未向采取节能行为的高校支付报酬，此时高校节能行为所带来的社会收益大于高校的个体收益。因此，高校主楼空调系统节能运行具有正外部性。所谓正外部性，是指一个经济主体的经济活动导致其他经济主体获得额外的经济利益。在正外部性条件下，高校主楼空调系统节能运行单纯依靠市场机制调节相关主体的行为，最终的结果只可能是无效率的。

正外部性的存在使市场均衡偏离了最优状态，由此带来市场资源配置的低效率或无效率。因此，利用合同能源管理模式来推动高校主楼空调系统节能运行，除了需要项目自身的完善，还需要外部环境的推动。节能服务公司是实施合同能源管理的主体，只有为其在高校主楼空调系统节能运行中实施合同能源管理模式营造良好的市场环境，才能促进建筑节能事业的发展。合同能源管理项目的外部环境推动促进措施应包括以下几点。

1）法规的促进

完善合同能源管理的相关法规是促进合同能源管理发展的基础。首先，应通过立法规定节能服务公司的成立门槛和严格管理，以规范节能服务公司的建立和项目的运作,重视节能服务公司的声誉和业绩评价;其次,通过立法规定节能服务公司的权利保障,赋予节能服务公司获取节能收益回报的权利;同时,通过立法确定合同能源管理项目和节能产业的激励,以保证节能服务产业的发展。

2)配套政策的促进

完善配套政策是合同能源管理发展的强有力保障。首先,应出台政策支持合同能源管理产业的发展,增大财政补贴和优惠政策,并纳入当地财政预算;其次,出台激励政策,加大对财政预算的支持力度,改革财务和税务体系,实施税收减免政策,使节能效益得到最大体现;最后,应推进能效测评制度,通过实施强制的能效测评,掌控主楼实际能耗情况,作为节能测算的依据。通过一系列激励和优惠政策可以促进节能产业的发展,从而建立起良好的市场节能机制,充分调动各参与方自发地参与建筑节能运行项目。

3)融资渠道的完善

融资渠道的完善是合同能源管理发展的外部推进器。目前,融资渠道不够完善,资金无法大量投入,导致节能潜力大的项目往往无法实施。完善融资渠道,首先,可以加大对国际援助资金的引入程度,在原有的世界银行、全球环保基金的基础上,加大对国际金融公司、亚洲开发银行及欧美发达国家援助资金的引入;其次,政府应建立节能产业基金,以保证节能环保项目长期稳定的资金来源;再次,可以集合社会多重资源,成立以项目为单位的节能服务项目公司,实行节能项目融资,降低单一个体风险,增大整体筹资实力;最后,应加大国家政策性银行如国家开发银行等对节能环保的支持力度,鼓励金融机构、风险投资机构和专项基金进入节能服务领域,为合同能源管理搭建更为广阔的融资服务平台。

7.6.2 内部自身完善

合同能源管理自身的完善只有在加强国际交流、学习国外先进经验的基础上,致力于内部管理优化、工程技术创新,才能更好地发展节能服务产业,促进建筑节能的市场化。节能服务公司内部完善措施主要包括以下几点。

1)完善内部结构

合同能源管理涉及的产业均为高新技术,节能服务公司属于知识密集型企业,因此,应建立有效的人才引进机制,重视技术和管理类人才的培育和储备。此外,应大力培育企业文化,激发员工的工作热情,形成员工为之奋斗的共同愿景。完善的管理制度体系、持续的人力资源管理体系和良好的企业文化体系是保证节能服务公司内部结构完善、节能服务产业可持续发展的基石。

2)加强技术共享

合同能源管理项目涉及的专业较多,对高校主楼来说,涵盖供热、制冷、自动化、电气等很多专业。由于个体技术能力限制,合同能源管理项目的开展受到一定的限制。因此,应该在节能服务公司之间建立共享机制,共同组建项目团队去实施全方位的合同能源管理项目,发挥各自优势,实现多方共赢,这样同时可以避免资源浪费和行业竞争加剧。

3)促进行业协会交流

行业协会是重要的权威性社会中介机构,管理成员企业的作用甚至超过政府。由于目前节能服务产业发展还处于起步阶段,因此节能服务产业协会尚未形成,其作用也未能得到体现。成立行业协会组织可以协调会员单位共同组建项目团队,实施全方位的合同能源管理项目,发挥各自优势,实现多方共赢;同时也可以为政府制定相关法律法规和产业政策提供具有建设性作用的建议和意见,实现社会效益和经济效益的统一。

节能服务产业协会是节能服务公司利益的维护者和服务者,可以成为企业与政府交流的媒介,同时在行政上享有极大的自主权。协会内部成员定期开展交流讨论,总结产业发展的共性问题,由协会牵头与政府进行协商,可以增大说服力。同时,协会在加强行业自律,避免恶性竞争,开展交流活动方面都会发挥巨大作用,从而有助于节能服务公司的良性竞争和整个节能服务产业的健康发展。

7.7 合同能源管理的风险评价体系

7.7.1 项目风险来源

利用合同能源管理实施高校主楼空调系统节能运行的风险是指节能服务公司承担从规划、评估和决策、施工及运行等过程中,由于外部环境和高校主楼节能项目本身存在的许多不确定性,从而导致项目达不到预期的技术经济指标,甚至有中止、失败的危险。因此,建立合同能源管理项目的风险评价体系也是其适应性研究的重要组成部分。实施合同能源管理的项目风险来源主要包括以下几个方面。

1)外部环境的不确定性

国家宏观政治、经济、自然环境的变化可能会引起相应的外部环境风险。国家政局的稳定、政策导向、经济周期的变化、汇率、宏观经济运行周期、能否如期获得银行贷款、合同期内的利率变化及自然灾害等都会对项目造成一定的风险。比如,能源价格变化会造成项目的节能效益评估结果发生变化,从而导致利益分成变化;能源政策调整等政策性因素,可能导致高校主楼的能耗结构发生重大变化,也会对合同能源管理项目的收益产生较大的影响。

2)内部条件的不确定性

节能服务公司内部技术实力是项目成功的重要保证,其风险来自节能技术的可行性、先进性、可靠性和适应性的不确定。合同能源管理项目的节能方案都是建立在前期进行的节能诊断和能效测评的基础上,节能诊断或能效测评都会影响节能方案的可行性。由于科技发展的日新月异,节能技术和产品的生命周期限制,现有的节能技术方案很快就有可能会面临淘汰的风险。运行管理过程中,如果不能根据现场实际工况及时调整节能运行方案,设计方案往往难以及时适应实际工况,从而导致节能效益降低。因此,节能技术方案的失败和更新换代都可能给节能服务公司带来无法收回投资和利润的风险。

7.7.2　风险评价矩阵

合同能源管理模式的运作机制决定了节能服务公司在项目实施中必须承担风险。因此,研究高校主楼空调系统节能运行的合同能源管理适应性,必须建立相应的风险评估体系,完善项目风险管理的各个环节,主要目的是识别与项目有关的风险,评价和管理改善项目的执行效果,从而使潜在机会或回报最大化,潜在风险最小化。

风险评价矩阵是项目管理中识别风险因素重要性的一种结构性方法,风险评价矩阵能够全面、动态地初步识别风险因素,包含风险来源、可能结果、预期发生概率,然后对风险进行分级整理,为风险管理的后续阶段打下基础。利用评价风险矩阵收集的数据和评估结果可以在整个风险管理过程中应用,有着重要的推广应用价值。风险评价矩阵方法关于各风险评价因子的权重系数是通过专家打分或调查投票的方法来确定的,以识别对项目影响最为关键的风险,为节能服务企业经营者提供制订相应风险处置措施的依据和历史记录。

1)原始风险评价矩阵

原始风险评价矩阵由需求栏、风险栏、技术栏、风险影响栏、风险概率栏、风险等级栏和风险管理/降低栏等构成。风险评价矩阵通常由项目风险管理小组完成,负责对项目风险因素的识别和评估。

①需求栏:列出项目的基本需求,通常包括项目操作要求和项目管理需求。

②风险栏:描述项目的具体风险。

③技术栏:根据具体需求列出可采用的技术。如果所需技术不存在或不够

成熟,则可能会不能满足需求,风险发生的概率就会相对高些。

④风险影响栏:用于评估识别风险对项目的影响,通常用 *I* 表示。将风险对项目的影响划分为 5 个等级,具体如表 7.23 所示。

表 7.23　风险对项目的影响

风险影响	说　明
关键(C)	风险发生,将导致项目失败
严重(S)	风险发生,会导致项目费用增加,周期延长,无法满足客户对项目的需求
一般(Mo)	风险发生,会导致项目费用增加,周期延长,但能满足客户对项目的需求
微小(Mi)	风险发生,对项目费用和周期影响很小,不影响客户对项目的需求
忽略(N)	风险发生,对项目实施无影响

⑤风险发生概率栏:用于评估项目中风险发生的概率,通常用 *Po* 表示。风险描述与对应的发生概率水平具体如表 7.24 所示。

表 7.24　风险描述与对应风险的发生概率

风险概率范围	说　明
0% ~10%	几乎不可能发生
11% ~40%	不太可能发生
41% ~60%	可能会发生
61% ~90%	很有可能会发生
91% ~100%	几乎一定发生

⑥风险等级栏:通过将风险影响栏和风险发生概率栏的值输入风险评价矩阵来确定风险等级,通常分为 3 个等级,具体如表 7.25 所示。

表 7.25　风险等级

风险概率范围	忽略(N)	微小(Mi)	一般(Mo)	严重(S)	关键(C)
0% ~10%	低	低	低	中	中

续表

风险概率范围	忽略(N)	微小(Mi)	一般(Mo)	严重(S)	关键(C)
11% ~40%	低	低	中	中	中
41% ~60%	低	中	中	中	高
61% ~90%	中	中	中	高	高
91% ~100%	中	中	高	高	高

⑦风险管理/降低栏:用于制订具体战略措施以管理/降低项目中存在的风险。

其中,风险矩阵中需求栏、技术栏、风险栏是根据项目具体特征来确定的;风险影响栏、风险发生概率栏是根据前期的专家打分或者调查投票来判断的;风险等级栏则是根据风险影响栏和风险发生概率栏的输入值进行判断的;风险管理/降低栏是根据前面所有的评价进行综合分析后确定的。

2) Borda 序值法

由于风险等级栏仅给出了 3 个直观的风险等级,因此在评价结果中会产生很多风险结,即处于同一等级可以继续细分的风险模块。为了能够识别同等级下相对关键的风险,在风险矩阵中引入 Borda 序值法,以尽量减少同等级的风险评价结果。

Borda 序值法是对某准则进行排序,统计出风险因子在该准则下的排名,然后进行综合考虑。设总共有 N 个风险值,i 为风险因子,k 为相应准则($k=1$ 表示风险影响,$k=2$ 表示风险发生概率),则风险 i 的 Borda 值的表达式如下:

$$B_i = \sum_{k=1}^{2} (N - r_{ik}) \tag{7.33}$$

式中 r_{ik}——风险 i 在准则 k 下的风险等级。

7.7.3 合同能源管理项目风险评价

根据利用合同能源管理实施高校主楼节能运行项目特征选取风险因素,风险清单如表 7.26 所示。

表 7.26 风险清单

类　别	风险清单	风险危害
外部风险 U1	U11 政策影响	政策的变化会对高校用能策略和设备选择产生影响
	U12 政府税收减免或补助	政府的税收减免或补助政策,将成为节能服务公司的一笔现金流入
	U13 利率波动	利率会影响资金成本和工程预算
	U14 能源价格变动	能源价格会影响项目节能收益
	U15 信息不通畅	信息不通畅会导致双方沟通不及时,影响项目的实施效果
	U16 设备生产成本变化	设备成本价格波动会影响设备的选择,影响项目的工程质量
内部风险 U2	U21 节能服务公司人力资源	节能服务公司人员技术实力会影响项目的实施效果
	U22 流动资金	项目流动资金短缺会导致工期的延误
	U23 工程质量	工程质量会影响项目的节能收益
	U24 项目运行管理能力	项目运行管理能力会影响项目的节能收益
	U25 设备故障	设备故障会影响项目的节能收益
	U26 设计方案	项目采用节能设计方案,具有不同的节能潜力,需要承担不同程度的风险
	U27 预期效益适应性条件	项目运行工况会影响预期节能收益
	U28 支付风险	高校支付能力会影响项目的资金回收

在编制风险清单的基础上,根据利用合同能源管理模式实施主教学楼空调系统节能运行项目的具体特点,输入风险影响和风险发生概率。对于风险影响,应根据加权后的投票结果,采用取多数原则;对于风险发生概率,应采取加

权平均原则。结合 Borda 序值法，得到项目风险评价矩阵如表 7.27 所示。

表 7.27　项目风险评价矩阵

风　险	*I*	Po	Rank	Borda	Borda Rank
U11 政策影响	C	20%	*M*	23	1
U12 政府税收减免或补助	Mi	30%	*L*	20	4
U13 利率波动	Mi	20%	*L*	20	4
U14 能源价格变动	S	20%	*M*	22	2
U15 信息不通畅	Mo	60%	*L*	22	2
U16 设备生产成本变化	Mi	30%	*L*	20	4
U21 节能服务公司人力资源	Mi	10%	*L*	19	5
U22 流动资金	Mo	10%	*L*	20	4
U23 工程质量	S	50%	*M*	23	1
U24 项目运行管理能力	S	70%	*H*	24	0
U25 设备故障	S	50%	*M*	22	2
U26 设计方案	S	30%	*M*	22	2
U27 预期效益适应性条件	Mo	80%	*M*	23	1
U28 支付风险	Mo	40%	*M*	21	3

其中，U24 项目运行管理能力属于高等级，是实施合同能源管理项目的最大风险；U23 工程质量和 U27 预期效益适应性条件其次，前 3 项高等级风险均属于内部风险，可以通过自身技术力量的完善进行规避。U11 政策影响作为外部风险，对项目的实施具有重大的导向作用，可以通过及时了解政策趋势，采取相应的风险应对和控制措施。

7.7.4　风险规避和应对措施

通过风险识别找出影响项目质量、进度、投资等目标顺利实现的主要风险，根据风险评估的结果提出利用合同能源管理实施高校主楼空调系统节能运行项目风险的控制措施,尽可能地降低工程项目风险,实现节能运行项目的预期目标,这是项目风险管理的主旨所在。

虽然实施合同能源管理的大量风险客观存在,且不以人的意志为转移,但通过项目经验的积累,以及通过测试、模拟、分析掌握的节能技术相关数据资料,识别甚至量化风险,判断风险发生的可能性以及造成的连带后果,从而通过适当的技术和方法来应对与控制风险。根据风险清单指标体系的要素,可以提出相应的可采取的应对与控制方法如下。

1)外部风险的应对与控制

外部的政治、经济环境是不可控制的。为了规避这些风险,需要节能服务公司仔细研究政治、经济动态和走势,了解国家在节能事业方面的政策和优惠措施,熟悉法律法规,相应风险清单的应对措施如表 7.28 所示。

表 7.28　外部风险的应对措施

风险清单	应对与控制
U11 政策影响	①节能服务公司应研究政策、经济动态和走势,掌握城市能源发展规划;②政策对项目的影响应在双方签订的合同中予以明确,进行风险回避。
U12 政府税收减免或补助	①节能服务公司应及时了解相关税收减免和补贴政策的技术和经济要求,在项目策划阶段对这部分资金予以明确;②将财政补贴作为对设备供应商的支付方式和支付条件,与供应商共享节能效益,共同承担风险
U13 利率波动	①节能服务公司应及时预估经济形势;②节能服务公司应与设备供应商在合同中予以约定利率波动的影响,必要时采取分段投资的方式进行
U14 能源价格变动	节能服务公司应采用固定价格计算节能收益
U15 信息不通畅	①节能服务公司应与高校领导层交流,根据反馈意见,及时调整节能运行方案;②节能服务公司应考虑项目信息与各方沟通的流程和渠道,建立一套全方位的项目信息管理模式
U16 设备生产成本变化	①节能服务公司应缩短签订合同与订购设备的时间差,避免时间差导致的设备生产成本的变化;②节能服务公司应加强对供应商的管理,避免人为的价格波动

2)内部风险的应对与控制

在合同能源管理项目的执行过程中,节能服务公司内部技术实力是项目成功的重要保证,这部分风险是可控的。控制这些风险,节能服务公司应通过不断提高自身技术实力,根据现场实际情况及时调整运行管理方案,保证预期的节能收益,相应风险清单的应对措施如表 7.29 所示。

表 7.29 内部风险的应对措施

风险清单	应对与控制
U21 节能服务公司人力资源	节能服务公司应构建合理的人才激励机制,使员工在获得既定合理回报的同时,相应地承担执行项目的技术风险
U22 流动资金	节能服务公司应在项目投资前进行动态财务分析
U23 工程质量	节能服务公司应根据项目特点配置合理的人员、资金、设备,确保工程质量
U24 项目运行管理能力	节能服务公司应根据项目运行管理的难度,配置相应执行能力的技术人员和团队,并根据现场情况采取必要的调整措施
U25 设备故障	①节能服务公司与设备供应商签订维保合同,转移维保责任,并积极跟踪维保产生的问题;②节能服务公司对维保责任期后发生的设备故障,应根据故障的鉴定原因来分清责任
U26 设计方案	节能服务公司应根据项目特征选用合理的设计方案,并及时参考项目管理人员、专家、高校、设备供应商的建议
U27 预期效益适应性条件	节能服务公司应根据年度气象条件差异进行节能量修正,并根据现场情况采取必要的调整措施
U28 支付风险	节能服务公司应熟悉高校资金周转方式,对资金的支付问题在合同中进行约束

综上所述,利用合同能源管理实施高校主楼空调系统节能运行项目,节能服务公司对内应该根据项目运行管理的难度,配置相应执行能力的技术人员、资金、设备,确保实施能力和工程质量,并能够根据现场情况及时采取必要的调整措施;对外应研究政策、经济动态和走势,掌握城市能源发展规划,对政策环境变化及时进行投资调整,以有效规避和应对各类风险,保证项目的顺利实施。

7.8 本章小结

本章建立了合同能源管理的适应性评价体系。首先,考虑室外气象参数的影响,按照逐月回归的方式,得到 CDD 和逐月能耗的回归调整模型,建立对应空调系统能耗的评价调整模型,可应用于实施合同能源管理空调系统能耗调整及节能效益评价。

其次,分析了合同能源管理的适应性分项测评指标。针对合同能源管理的具体实施模式,建立了动态财务模型,用于实施空调系统节能运行的动态财务净现值评价。研究主教学楼节能改造的动态财务效益,发现静态财务分析会导致节能效益夸大39%。静态财务分析、项目投资回收期,甚至动态投资回收期都难以对合同能源管理的实施提供正确的经济评价标准,合同能源管理的适应性应根据所需的各项资金,按照项目实施的实际使用情况进行动态财务净现值进行综合评价。分析动态财务模型敏感性,表明项目节能率对最终经济效益影响最大,分享比例其次,最后为能源价格。

再次,建立了合同能源管理适应性的二级模糊综合评价体系。研究项目经济效益、节能效益和环境效益的二级模糊评价矩阵,表明通过合同能源管理模式实施公共建筑节能改造和优化运行管理项目的评价结果为优级别,其可行性是值得肯定的。对于节能服务公司来说,按时收回项目投资,取得丰厚的经济效益相比项目本身的节能效益和环境效益更为重要,这也表明建立合同能源管理项目动态财务模型,进行动态经济效益分析的重要性。

最后,分析了推动实施合同能源管理模式的促进体系。通过法律法规、配套政策及融资渠道等的外部促进,以及节能服务公司内部结构、加强技术共享及行业协会交流等的内部完善,可以为合同能源管理的实施营造良好的市场环境和实施能力,进而促进高校主楼节能的发展。建立了风险评价矩阵,并结合 Borda 序值法,对利用合同能源管理实施高校主楼空调系统节能运行进行了风险评价,发现项目内部运行管理能力、工程质量、预期效益适应性条件和外部政策影响是主要的风险因子,并提出了节能服务公司规避和应对风险的相应措施。

8 结论与展望

8.1 本书的主要结论

本书针对高校主楼的特殊用能特点,研究了其空调系统节能运行策略,以及合同能源管理适应于高校主楼空调系统节能运行的评价体系及相关的促进体系,旨在发挥高校主楼用能特殊性导致的空调系统节能运行潜力,进而促进公共建筑节能事业的发展。本书的具体主要结论如下。

(1)统计了高校主楼详细的能耗数据并进行节能诊断,研究了高校主楼空调系统的特殊用能特征。主楼空调系统能耗占总能耗的62%,其中冷水机组能耗占空调能耗的48%,末端能耗达到27%,输配系统为25%。单日稳定运行工况空调使用率处于较为稳定的状态,导致水系统压差对负荷不敏感;空调的高峰季节为7、8月,与暑期存在部分交叉,且主楼各用能单元存在同时使用系数偏低的特殊性,导致空调系统长期处于低负荷状态运行。通过对比DeST模型,表明同时使用系数偏低导致空调系统实际负荷率主体居于较低负荷区间时段,且远低于模拟值。其次,研究了空调系统逐日负荷率的相关性,表明使用率对空调逐日能耗影响程度远大于室外温度的影响,并建立了最佳的逐日空调系统能耗特征对数回归模型。最后,对主楼空调系统进行了节能运行诊断,发现水系统温差偏小、输送系数却基本达到要求,说明系统负荷率较低,水系统输送给末端的冷量较大,空调系统设备选型存在较大余量,具备较大的节能运行潜力。

(2)建立了离心式冷水机组、螺杆式冷水机组、冷冻水泵、冷却水泵及冷却塔的运行综合能耗模型,针对高校主楼常常在部分负荷下运行,设备选型存在较大余量的情况,研究提出了其空调系统全面的优化运行策略。

①提出了以系统综合能效最高为目的的部分负荷工况优化开机组合运行策略,以达到系统高效运行的目的。

②研究了高校主楼空调冷水系统不同控制模式的节能性,发现采取干管温差控制时冷水系统相对于定流量的节能率高达 59.8%,末端压差控制其次,干管压差控制最低。其中,对冷水系统实施干管变压差控制时,应根据负荷率确定冷水机组开启台数,并根据冷水机组台数的变化相应地调整压差设定值,其节能率随着压差设定值的增大而迅速降低。实验研究表明,实际高校主楼干管温差对空调负荷的敏感程度往往高于干管压差,冷水系统节能运行策略推荐采用干管温差控制。

③研究了高校主楼空调系统冷水泵匹配运行节能性,提出冷水系统采用“1 台定频+1 台变频”的水泵搭配运行时,其总能耗均高于 2 台水泵同时变频的能耗。在变流量系统中,推荐采用水泵全部变速的方案。冷水机组“1 大 1 小”搭配运行时,冷水泵采取“1 大 1 小”同步调速时的运行能耗要小于采取“2 台大泵”同步调速运行时的能耗。对于多台不同型号的冷水机组联合运行情况,建议其冷水系统选择不同型号的水泵进行同步变速运行。

④推导了横流式冷却塔出水温度理论计算模型,并通过实测和理论计算,研究冷却塔影响因子的相关性,以及冷水机组、冷却水泵、冷却塔 3 者耦合模型,以冷源系统综合最高能效为目标进行最佳冷却塔出水温度的非线性一元最优化求解,发现部分负荷情况下,冷却水系统的最优化节能运行策略应该为冷却水泵定流量,冷却塔风机变频运行,可以使冷却水自动匹配最佳温差,并根据最佳冷却塔出水温度确定风机频率变化大小。空调系统水泵选型偏大时,应通过变频或者更换水泵的方式,将水泵流量调整至最佳运行状态。单台冷却塔运行时,冷却水系统综合能效与两台塔相比的差值都在 0.02 之内,水温变化对冷

水机组能效影响较水流量小，冷却塔应为多台同时开启，并对风机进行统一变频，保证进水流分布均匀，有效利用冷却塔换热面积。

⑤采用正交模拟实验方法，研究发现设备散热、人员密度和照明散热为办公室空调系统的主要影响因素，人员密度和新风指标为教室空调系统的主要影响因素，应作为相应的节能运行管理重点；提出了变新风量结合全热回收、间歇运行等系统综合节能运行策略，通过 DeST 软件模拟研究发现可分别降低空调负荷 15%、12%。

(3)考虑室外气象参数的影响，按照逐月回归的方式，建立了 CDD 和逐月能耗的回归调整模型，建立对应空调系统能耗的评价调整模型，可以应用于实施合同能源管理空调系统能耗调整及节能效益评价。

(4)研究了合同能源管理的适应性分项测评指标。其中，针对合同能源管理具体实施模式，建立了动态财务模型，用于实施空调系统节能运行的动态财务净现值评价。研究了主教学楼节能改造的动态财务效益，发现静态财务分析会导致节能效益夸大 39%。静态财务分析、项目投资回收期甚至动态投资回收期都难以对合同能源管理的实施提供正确的经济评价标准，合同能源管理的适应性应根据所需各项资金，按照项目实施的实际使用情况进行动态财务净现值评价。研究了动态财务模型敏感性，表明系统节能率对最终经济效益影响最大，分享比例其次，最后为能源价格。在此基础上，建立了合同能源管理适应性的二级模糊综合评价体系。研究项目经济效益、节能效益和环境效益的二级模糊评价矩阵，表明通过合同能源管理模式实施公共建筑节能改造和优化运行管理项目的评价结果为优级别，其可行性是值得肯定的。对于节能服务公司来说，按时收回项目投资，取得丰厚的经济效益相比项目本身的节能效益和环境效益更为重要，这也表明建立合同能源管理项目动态财务模型，进行动态财务净现值评价的重要性。

(5)建立了实施合同能源管理的促进体系，提出应通过法律法规、配套政策及融资渠道等因素的外部促进，以及节能服务公司内部结构、加强技术共享及行业协会交流等因素的内部完善；建立了风险评价矩阵，并结合 Borda 序值法，对利用合同能源管理实施高校主楼空调系统节能运行进行了风险评价，发现项目内部运行管理能力、工程质量、预期效益适应性条件和外部政策影响是主要的风险因子，并提出了节能服务公司规避和应对风险的相应措施。

8.2 本书的主要创新点

(1)通过大量能耗数据统计分析，首次从理论上建立了综合考虑室外温度和末端阻抗的空调系统能耗对数关系模型，可用于逐日不同综合使用率下的空调系统能耗回归分析。

(2)针对高校主楼建筑，首次建立了冷水机组、冷却水泵及冷却塔的运行耦合能耗模型，提出以冷源系统综合能效最高为目的的最佳冷却塔出水温度控制策略，避免冷却水泵和冷却塔独立研究的片面性。

(3)采用空调度日数法，建立了空调系统的能耗逐月回归调整模型，可用于解决年度气象条件差异对节能效益产生的影响。

(4)根据高校主楼节能改造和运行管理的具体模式，建立了动态财务模型和评价指标，以实现项目动态财务净现值评价，克服了既有评价指标对合同能源管理适应性的误导；同时建立了定量化的合同能源管理适应性二级模糊综合评价体系。

8.3 本研究的展望

(1)由于重庆地区缺乏对公共建筑分项单位建筑面积电耗强度值，公共建筑用能情况分析是参考《中国建筑节能年度发展研究报告 2011》中公布的同属于夏热冬冷地区的上海地区电耗强度数据完成的。后续研究可以对重庆地区公共建筑及其分项能耗数据进行广泛调研和统计分析,以得到当地的公共建筑用能情况,同时可以将合同能源管理模式推广至一般公共建筑空调系统的节能运行。

(2)由于建筑负荷和室外气象为动态变化参数,只有掌握不同外界条件与对应优化控制策略的配合,才能真正实现空调系统的高效运行。本书中研究的空调系统优化运行方式应该在实际运行过程中进行校核验证,以找出实际中的最优运行控制方式,为运行管理提供决策参考。

(3)合同能源管理模式应用于高校主楼的节能运行管理的实施,还需要在实践中不断探索。本书中提出的各项适应性评价体系和外界促进措施应该在具体实践中进行应用验证,以获得实际的指导意义。

参考文献

[1] 薛志峰. 既有建筑节能诊断与改造[M]. 北京:中国建筑工业出版社,2007.

[2] ZHANG Y, HANBY V I. Model-based control of renewable energy systems in buildings[J]. HVAC&R Research,2006,12(3):577-598.

[3] 陈翊. 节约型校园建设与评价的研究[D]. 上海:同济大学,2008.

[4] 谯川. 公共建筑节能改造的合同能源管理模式研究[D]. 重庆:重庆大学,2008.

[5] 沈龙海. 合同能源管理:节能新机制[J]. 中国科技投资,2007(7):41-42.

[6] 陈元圆,陈展. 合同能源管理对大型公共建筑节能的应用和意义[J]. 环境保护,2009(4):53-56.

[7] KELLYN S. New green building on campus[J]. Environmental Science and Technology,1998,32(17):412-414.

[8] BONNET J F, DEVEL C, FAUCHER P, et al. Analysis of electricity and water end-uses in university campuses:Case-study of the university of Bordeaux in the framework of the Ecocampus European Collaboration[J]. Journal of Cleaner Production,2002,10(1):13-24.

[9] 窦强. 生态校园:英国诺丁汉大学朱比丽分校[J]. 世界建筑,2004(8):64-69.

[10] 张磊,刘建民. 国外生态校园的研究方向与建设实践[J]. 山东建筑大学学报,2007,22(6):501-506.

[11] 顾晓薇,王青,李广军,等.应用生态足迹指标对沈阳市高校可持续发展的研究[J],东北大学学报(自然科学版),2006,27(7):823-826.

[12] 赵纯.绿色理念指导下的校园环境设计研究[D].苏州:苏州大学,2007.

[13] 徐进.绿色校园:同济大学的低碳之路[J].园林,2010 (10):44-46.

[14] 杨琦.绿色大学校园规划设计研究与实践[D].成都:西南交通大学,2010.

[15] 游小容.绿色校园建设规划:以兰州大学为例[D].兰州:兰州大学,2011.

[16] 林宪德.台湾第一座零碳绿建筑:成功大学“绿色魔法学校”[J].建设科技,2011 (2):35-39.

[17] 谭洪卫.高校校园建筑节能监管体系建设[J].建设科技,2010(2):15-19.

[18] Cho C H,NELSON NORDEN. Computer optimization of refrigeration systems in a textile plant:a case history[J]. Automatica,1982,18(6):656-683.

[19] DAVID E T. Chiller optimization by energy management control system[J]. Research Gate Journal,1983,25(11):60-62.

[20] ENTERLINE L L,A. C. Sommer,A. Kaya. Chiller optimization by distributed control to save energy[J]. ISA Transactions,1984,23(2):27-37.

[21] RICK T O,JUDITH S L. Optimization of a chilled water plant using sequential quadratic programming [J]. Enegineering Optimization, 1990, 15 (3): 171-191.

[22] MACARTHUR J. A novel predictive strategy for cost-optimal control in buildings[J]. ASHRAE Transactions,1993,99(1):1025-1036.

[23] STEPHEN B A. Chilled water system optimization[J]. ASHRAE Journal, 1993,35(7):50-56.

[24] THOMAS B H. Global optimization strategies for high-performance control[J]. ASHRAE Transactions,1995,101(2):679-687.

[25] RISHEL J B. Control of variable-speed pumps on hot and chilled water systems [J]. ASHRAE Transactions,1991,12(4):746-750.

[26] HARTMAN T B. Design issues of variable chilled-water flow through chillers [J]. ASHRAE Transactions,1996,102(2):679-683.

[27] REDDEN G H. Effect of variable flow on centrifugal chiller performance[J]. ASHRAE Transactions,1996,102(2):684-687.

[28] LARRY T,JAMES B. RISHEL P E. Proper control of HVAC variable speed pumps[J]. ASHRAE Journal,1998,11:41-47.

[29] HARRIS B,ED M. Variable flow control engineer's perspective[J]. ASHRAE Journal,1999,22(1):26-30.

[30] WALTZ J P. Variable flow chilled water or how I learned to love my VFD[J]. Energy Engineering:Journal of the Association of Energy Engineering,2000,97(6):5-32.

[31] SCHWEDLER M B. Variable-primary-flow systems [J]. HPAC Heating, Piping,Air Conditioning Engineering,2000,72(4):41-44.

[32] SCHWEDLER M B. Variable primary flow in chilled-water [J]. HPAC Heating,Piping,Air Conditioning Engineering,2003,75(3):37-45.

[33] AVERY G. Improving the efficiency of chilled water plants [J]. ASHRAE Journal,2001,43(5):14-18.

[34] BAHNFLETH W P, PEYER, ERIC B. Varying views on variable-primary flowchilled-water system [J]. HPAC Heating, Piping, Air Conditioning Engineering,2004,76(3):5-9.

[35] THOMAS H P E. All-variable speed centrifugal chiller plants[J]. ASHRAE Journal,2005,37(9):45-53.

[36] WANG S W . Dynamic simulation of a building central chilling system and evaluation of EMCS on-line control strategies[J]. Building and Environment, 1998,3(1):1-20.

[37] WANG S W, JIN X Q. Model-based optimal control of VAV air-conditioning system using genetic algorithm[J]. Building and Environment, 2000, 35(6): 471-487.

[38] YAO Y, LIAN Z W, Z J HOU, et al. Optimal operation of a large cooling system based on an empirical model[J]. Applied Thermal Engineering, 2004, 24(16): 2303-2321.

[39] LU L, CAI W J, SOH Y C, et al. Global optimization for overall HVAC system-part Ⅱ problem solution and simulations[J]. Energy Conversion & Management, 2005, 46(7): 1015-1028.

[40] 孟华,龙惟定,王盛卫. 集中空调冷水侧局部系统上位机控制器的实时控制分析[J]. 暖通空调,2005,35(11):96-100,136.

[41] 吴延鹏. 变频调速技术及其在空调系统中的应用[J]. 中国矿业大学学报,1999,28(6):623-625.

[42] 马伟宪. 集中空调冷水系统中的变频调速及自动控制[J]. 暖通空调,2004,34(3):88-89.

[43] 林心关. 空调水系统二次泵变频技术及其工程应用[J]. 华南建设学院学报,2000,8(4):72-76.

[44] 佘宝法,李百红,赵海恒. 供热系统的自动控制策略[J]. 西南交通大学学报,2001,36(4):448-451.

[45] 朱贞涛. 离心泵几种变流量调节方法的耗能对比分析与试验[J]. 流体机械,2001,29(7):15-16,45.

[46] 李洪斌,张承慧,宋军. 变频驱动并联水泵变压变流量运行优化调度[J]. 中国工程科学,2001,3(9):52-57.

[47] 胡益雄,袁峰. 变风量水系统运行能耗分析[J]. 长沙铁道学院学报,2001,19(4):60-63.

[48] 张燕宾. 变频调速应用实践[M]. 北京:机械工业出版社,2002.

[49] 狄洪发,李吉生,戴斌文.开式系统中变速泵的节能分析[J].暖通空调,2002,32(1):59-61.

[50] 王寒栋.中央空调水系统冷冻水泵变频调速运行特性研究(1)[J].制冷,2003,22(2):15-20.

[51] 罗新梅,周向阳,曾祖铭.水泵变流量运行性能分析[J].华东交通大学学报,2004,21(4):19-21.

[52] 吴捷,卢鸣清.变频技术在暖通空调中的应用[J].通信电源技术,2003(4):40-42.

[53] 黄文厚,李娥飞,潘文钢.一次泵系统冷水机组变流量控制方案[J].暖通空调,2004,34(4):65-69.

[54] 杜文学,徐玉党,郑洪涛.中央空调冷冻水变流量系统分析:传统二级泵系统与一级泵变流量系统的对比[J].制冷空调与电力机械,2004,25(3):57-59.

[55] 梁春生,智勇.中央空调变流量控制节能技术[M].北京:电子工业出版社,2005.

[56] 张建东,李震,肖勇全.变流量空调系统设计问题的探讨[J].制冷空调与电力机械,2004,25(1):41-44.

[57] 孙一坚.空调水系统变流量节能控制(续1):水流量变化对空调系统运行的影响[J].暖通空调,2004,34(7):60-62,69.

[58] 阎坤惠.动态变流量控制技术在空调节能设计中的应用[J].流体机械,2004,32(3):51-53.

[59] EDWARD V. An international survey of the energy service company(ESCO) industry[J]. Energy Policy,2005,33(5):691-704.

[60] PAOLO B, SILVIA R, EDWARD V. Energy service companies in European countries: Current status and a strategy to foster their development[J]. Energy Policy,2006,34(14):1818 - 1832.

[61] LEE M K, HYUNA P, Jongwhan Noh, et al. Promoting energy efficiency financing and ESCOs in developing countries: experiences from Korean ESCO business[J]. Journal of Cleaner Production, 2003, 6(11): 651-657.

[62] MILOU B, NIELS B. Government regulation as an impetus for innovation: evidence from energy performance regulation in the Dutch residential building sector[J]. Energy Policy, 2007(35): 4812-4825.

[63] STEVE S. The economics of energy service contracts[J]. Energy Policy, 2007(35): 507-521.

[64] EVAN M, STEVE K, GARY W, et al, From volatility to value: analyzing and managing financial and performance risk in energy savings projects[J]. Energy Policy, 2006, 2(34): 188-199.

[65] KONSTANTINOS D P, ANNA P, JOHN P. An information decision support system towards the formulation of a modern energy companies' environment [J]. Renewable and Sustainable Energy Reviews, 2008, 12(3): 790-806.

[66] MARK J K, ALLAN G. PULSIPHER R H. Baumann. The potential economic and environmental impact of a Public Benefit Fund in Louisiana[J]. Energy Policy, 2004, 32(2): 191 - 206.

[67] 吴玉萍,胡涛,王新. 亟须完善的我国建筑节能政策[J]. 环境经济, 2006, 36(12): 10-15.

[68] 李菁,马彦琳,梁晓群. 既有建筑节能改造的融资障碍及对策研究[J]. 建筑经济, 2007(12): 37-40.

[69] 孙金颖,刘长滨. 西南地区公共建筑节能改造投融资机制探讨[J]. 建筑经济, 2007, 294(4): 36-39.

[70] 梁境,李百战. 中国公共建筑节能管理与改造制度研究[J]. 建筑科学, 2007, 23(4): 9-14, 53.

[71] 王李平,王敬敏,杨文海.改进的多维功效函数在节能服务公司风险度量中的应用[J].电力需求侧管理,2007(6):9-11.

[72] 王婷,胡珀.合同能源管理项目的运作机制及风险分析[J].电力技术经济,2007,19(6):44-47.

[73] 尚天成,潘珍妮.现代企业合同能源管理项目风险研究[J].天津大学学报(社会科学版),2007(3):214-217.

[74] 张晓萍,方培基.新商业模式下的中国EPC企业发展战略研究[J].建筑经济,2007(12):239-242.

[75] 占松林,韩青苗,刘长滨.关于建立建筑节能奖励制度的思考[J].建筑经济,2008(1):90-93.

[76] 吴施勤.政府机构节能与合同能源管理[J].电力需求侧管理,2003,5(4):20-22.

[77] 王广斌.合同能源管理与政府机构节能问题研究[J].商业时代,2006(16):80-81.

[78] 尹波,刘应宗.建筑节能领域市场失灵的外部经济性分析[J].华中科技大学学报(城市科学版),2005,22(4):65-68.

[79] 丰艳萍,武涌.节能运行监管我国大型公共建筑节能管理的必然选择[J].暖通空调,2007,37(8):8-12.

[80] 清华大学建筑节能研究中心.中国建筑节能年度发展研究报告2011[M].北京:中国建筑工业出版社,2011.

[81] 沈世平.某中央空调系统节能改造及能耗分析[D].重庆:重庆大学,2011.

[82] 杨李宁.公共建筑空调工程能效比的研究[D].重庆:重庆大学,2007.

[83] 李涛.空调制冷机组性能变化规律研究[D].重庆:重庆大学,2011.

[84] 陈明.中央空调水系统节能策略研究及设计评估软件开发[D].重庆:重庆大学,2010.

[85] 高腾野,孟庆安.关于一次泵变流量系统设计的几点看法[J].暖通空调,2009,39(12):62-63.

[86] MICHEL A, BERNARD B. Pumping energy and variable frequency drivers [J]. ASHRAE Journal,1999,41(12):37-40.

[87] 胡思科,杨吉青.供暖循环水泵非同步调速运行时的不合理性分析计算[J].暖通空调,2005,35(2):108-111.

[88] 王亮,卢军,陈明,等.空调系统冷水泵并联变频优化运行[J].暖通空调,2011,41(12):114-116,45.

[89] 曾振威.节能不能因小失大:兼与《集中空调冷却水系统的节能运行》商榷[J].暖通空调,2002,32(4):32-33.

[90] 一坚.关于集中空调冷却水系统节能运行:评《节能不能因小失大》[J].暖通空调,2003,33(2):39.

[91] 王曦.某中央空调水系统节能检测分析及其优化控制策略研究[D].重庆:重庆大学,2010.

[92] 王亮,卢军,王曦,等.空调系统冷却塔优化运行方式研究[J].暖通空调,2011,41(7):141-144.

[93] 续振燕,郭汉丁,任邵明.国内外合同能源管理理论与实践研究综述[J].建筑经济,2008(12):100-103.

[94] 李岩,许艳,沙瑞丽.IPMVP 在合同能源管理中的应用模式研究[J].环境经济,2010(7):46-48.

[95] 何大四,张旭,刘加平.常用空调负荷预测方法分析比较[J].西安建筑科技大学学报(自然科学版),2006,38(1):125-129.

[96] MELEK Y. Energy-saving predictious for building-equipment retrofits [J]. Energy and buildings,2008,40(12):71-82.

[97] ALBERTO H N, FLAVIO A S F. Comparison between detailed model simulation and artificial neural network for forcasting building energy consumption[J]. Energy and buildings,2008,40(12):2169-2179.

[98] TUGCE K, MURAT G, SELCEN B. Artificial neural networks to predict daylight illuminance in office building[J]. Energy and buildings, 2009, 44(8):1751-1757.

[99] 许东,吴铮. 基于 MATLAB 6. x 的系统分析与设计:神经网络[M]. 2 版. 西安:西安电子科技大学出版社,2002.

[100] 许超,龚延风. 合同能源管理中节能量计算方法的研究[J]. 暖通空调,2009,39(4):122-125.

[101] CHRISTENSON M, MANZ H, GYALISTRAS D. Climate warming impact on degree-days and building energy demand in Switzerland [J]. Energy Conversion and Management,2006,47(6):671-686.

[102] 汤民,李峥嵘. 建筑能耗评估中对气象参数的处理[J]. 墙材革新与建筑节能,2005(4):40-41.

[103] 宋应乾,曾艺,邓伟鹏,等. 节能量保证型合同能源管理在建筑节能中的应用[J]. 暖通空调,2011,4(7):66-69.

[104] 龙恩深,付祥钊,王亮,等. 相同建筑相同节能措施在不同气象条件下的负荷减少率[J]. 暖通空调,2005,35(8):114-118.

[105] 李扬,苏宜强,刘骁. 节能量的测量及其不确定度的研究[J]. 电力需求侧管理,2010,12(4):11-14.

[106] 何晓群,刘文卿. 应用回归分析[M]. 2 版. 北京:中国人民大学出版社,2002.

[107] 胡磊. 地源热泵系统岩土热响应试验及能效测评[D]. 重庆:重庆大学,2011.

[108] 黄有亮,徐向阳,谈飞,等. 工程经济学[M]. 2 版. 南京:东南大学出版社,2006.

[109] 国家发展改革委,建设部. 建设项目经济评价方法与参数[M]. 北京:中国计划出版社,2006.

[110] 王净. 合同能源管理(EPC)模式下财务分析相关问题探讨[J]. 科技和产业,2010,10(12):49-53.

[111] 谢季坚,刘承平. 模糊数学方法及其应用[M]. 武汉:华中理工大学出版社,2000.

[112] 胡永宏,贺恩辉. 综合评价方法[M]. 北京:科学出版社,2000.

[113] 廖吉香. 几种供暖空调系统的热经济工程模糊分析[J]. 制冷空调与电力机械,2008,29(5):1-4,23.

[114] 白雪莲,张南桥. 水源热泵与蓄能结合系统的评价体系研究[J]. 暖通空调,2011,41(7):61-65.

[115] 金占勇,武涌,刘长滨. 基于外部性分析的北方供暖地区既有居住建筑节能改造经济激励政策设计[J]. 暖通空调,2007,37(9):14-19.

[116] 杨翠兰. 基于 Borda 序值和 RBF 神经网络的知识链风险预警[J]. 统计与决策,2010(17):56-59.